国家自然科学基金青年科学基金项目(52004176)资助
山西省高等学校科技创新项目(2019L0246)资助

基于煤微观结构的煤层气吸附解吸控制机理研究

李子文　著

中国矿业大学出版社

·徐州·

内 容 提 要

本书在综合分析国内外煤层气开采和煤层气吸附解吸规律相关研究的基础上,采用理论分析和物理实验等手段深入系统研究了不同变质程度煤的微观结构特征及其对煤层气吸附解吸的控制机理,进行了煤的孔隙结构表征实验和分形理论计算,得到了煤的孔径分布特征、孔隙类型以及分形维数;对煤表面官能团进行了定量分析,得到了煤表面官能团随变质程度的变化规律;研究了不同变质程度煤的吸附解吸规律并定量计算了解吸滞后系数,探讨了影响煤层气吸附解吸的关键因素,提出了煤层气吸附解吸的控制机理。

本书适合安全科学与工程、采矿工程等相关领域的科研人员阅读,也可供高等院校相关专业的师生参考使用。

图书在版编目(CIP)数据

基于煤微观结构的煤层气吸附解吸控制机理研究 / 李子文著. —徐州:中国矿业大学出版社,2021.6

ISBN 978-7-5646-5037-7

Ⅰ.①基… Ⅱ.①李… Ⅲ.①煤层－地下气化煤气－吸附－研究②煤层－地下气化煤气－解吸－研究 Ⅳ.①P618.11

中国版本图书馆 CIP 数据核字(2021)第 119635 号

书　　名	基于煤微观结构的煤层气吸附解吸控制机理研究	
著　　者	李子文	
责任编辑	李　敬	
出版发行	中国矿业大学出版社有限责任公司	
	（江苏省徐州市解放南路　邮编 221008）	
营销热线	(0516)83885105　83884103	
出版服务	(0516)83883937　83884920	
网　　址	http://www.cumtp.com　**E-mail**:cumtpvip@cumtp.com	
印　　刷	徐州中矿大印发科技有限公司	
开　　本	787 mm×1092 mm　1/16　**印张** 9　**字数** 176 千字	
版次印次	2021 年 6 月第 1 版　2021 年 6 月第 1 次印刷	
定　　价	50.00 元	

（图书出现印装质量问题,本社负责调换）

前　言

　　我国是煤炭生产和消费大国,在相当长的时期内煤炭作为我国的主导能源不可替代。但我国煤层赋存条件复杂多变,含瓦斯煤层多,煤层原始渗透率低,使得我国也是世界上瓦斯灾害最严重的国家之一,瓦斯灾害严重地制约了我国煤炭工业的安全发展。与此同时,煤层瓦斯(煤层气)是我国的一种重要能源,可用作发电燃料、工业燃料、化工原料和居民生活燃料。中国煤层气资源十分丰富,是世界上第三大储量国,同时,煤层气也是一种主要的温室气体,其温室效应是二氧化碳的 26 倍,对臭氧层的破坏能力是二氧化碳的 7 倍。因此,必须将煤层气作为一种资源进行开采,形成煤与煤层气的共采,才能在有效减少瓦斯灾害的同时实现煤层气的资源化开发和利用。

　　煤层气主要以吸附和游离两种状态赋存在煤层中,煤层气的吸附和解吸处在一个动态平衡体系中。同时,煤是一种具有复杂微观结构特征的多孔介质,其微观结构的复杂性主要表现为复杂的孔隙结构、组成成分和表面特性。煤中不同大小的孔径分布特征、孔形状及其连通性等,直接决定了煤中煤层气的吸附解吸规律及其在煤层中的流动性,进而影响煤层气抽采。煤的表面特性,如表面官能团的种类和含量对煤与气体分子之间的相互作用具有重要影响,进而影响煤层气在煤表面的吸附性。随着瓦斯灾害防治和煤层气开发与利用越来越受到重视,研究煤的微观结构特征及煤层气吸附解吸规律越来越成为一项重要的基础性研究工作。研究煤的微观结构对准确地评价煤的储层特征,深入地分析影响煤层气吸附解吸规律的关键因素具有重要意义,同时为合理地确定煤层气的抽采模式,有效地进行瓦斯治理,提供了理论依据。

　　本书以物理实验为基础,从孔隙结构特征和表面官能团两个方面系统地分析了煤的微观结构特征,研究了煤层气的吸附解吸规律,探讨了煤的微观结构特征对煤层气吸附解吸的影响,提出了煤层气吸附解吸的控制机理。主要研究内容如下:

　　(1)借助压汞和液氮吸附实验,研究了煤的孔径分布特征和孔隙类型。结果表明:低阶煤中含有大量的开放性孔隙,中孔和过渡孔占有较大的比例,煤中的孔隙类型多为墨水瓶形孔和楔形孔,随着变质程度的增加,煤中微孔所占的比例逐渐增大,中高阶煤中的孔隙类型多为圆筒形孔和狭缝形孔。

(2)利用分形理论,计算了煤的体积分形维数和吸附孔的分形特征,并研究了煤体组分对分形维数的影响。结果表明:孔隙率随着体积分形维数的增大而减小;煤样组分会造成煤体表面和孔结构的不均一性,对分形维数产生影响,分形维数可以看作煤体组分复杂程度的综合体现。

(3)通过对FTIR谱图的分峰拟合,定量研究了煤中表面官能团的演化规律。结果表明:低阶煤中含有大量的羟基和一定量的羧基,其含氧官能团多为烷基醚和醇,而中高阶煤中的含氧官能团多为芳基醚和苯氧基醚。在变质作用过程中,煤中的—OH部分转化为C—O官能团,随着变质程度的进一步增大,C—O官能团发生断裂,缩聚成芳环结构。

(4)利用吸附解吸实验系统,研究了不同变质程度煤的吸附解吸规律并定量计算了解吸滞后系数。结果表明:褐煤的吸附能力较差,其余低阶煤的最大吸附能力大于部分中阶煤($1.0\% < R_{o,max} < 1.5\%$),小于高阶煤;低阶煤的理论解吸率和理论采收率均明显高于中高阶煤,随着变质程度的增加,煤样的解吸滞后系数增加。

(5)根据实验结果,提出了煤层气吸附解吸的控制机理:煤层气吸附受孔径分布和表面官能团的共同控制,煤层气解吸受孔径分布和孔隙类型的共同控制,在对煤层气吸附解吸的控制中,孔径分布对煤层气吸附起主要控制作用,而在煤层气解吸时,孔隙类型占主导作用。

本书是在国家自然科学基金青年科学基金项目(52004176)和山西省高等学校科技创新项目(2019L0246)的资助下完成的。同时,本书的研究工作得到了恩师林柏泉教授的悉心指导和团队的大力支持,借此机会表示衷心感谢。感谢相关参考文献的作者、专家。

由于作者水平有限,书中疏漏之处在所难免,敬请读者不吝指正。

作　者

2020 年 12 月

目　　录

第 1 章　绪　　论

1.1　引言

我国是煤炭生产和消费大国,在相当长的时期内煤炭作为我国的主导能源不可替代[1]。如表 1-1 所列,2013 年,我国的一次能源消费结构中,煤炭、石油和天然气所占的消费比例分别为 67.5%、17.8%和 5.1%,共 90.4%,而世界范围内的一次能源消费结构则相对均衡[2]。据权威机构预测,在未来的 30～50 年内,随着新能源、可再生能源、水电和核电的发展和推广,煤炭在一次能源结构中的比重下降[3],但煤炭在相当长的时期内仍是我国的主要能源[4]。

表 1-1　中国和世界主要一次能源消费率

时间	中国			世界		
	原油/%	天然气/%	原煤/%	原油/%	天然气/%	原煤/%
2005	20.9	2.6	69.9	36.1	23.5	27.8
2006	20.4	2.9	70.2	35.8	23.7	28.4
2007	19.5	3.4	70.5	35.6	23.8	28.6
2008	18.8	3.6	70.2	34.8	24.1	29.2
2009	17.7	3.7	71.2	34.8	23.8	29.4
2010	17.6	4.0	70.5	33.6	23.8	29.6
2011	17.7	4.5	70.4	33.1	23.7	30.3
2012	17.7	4.7	68.5	33.1	23.9	29.9
2013	17.8	5.1	67.5	32.9	23.7	30.1

但我国煤层赋存条件复杂多变,含瓦斯煤层多,煤层原始渗透率低,使得我国也是世界上瓦斯灾害最严重的国家之一[5]。据不完全统计,2009—2018 年,全国煤矿共发生瓦斯事故 722 起,死亡 3 433 人,分别占死亡事故总起数和死亡

总人数的 10.2％ 和 28.1％,平均每起事故死亡 4.75 人[6]。瓦斯灾害严重地制约了我国煤炭工业的安全发展。

与石油储层不同,煤层中含有大量的吸附和游离状态的瓦斯[7]。煤层瓦斯(煤层气)是我国的一种重要能源,可用作发电燃料、工业燃料、化工原料和居民生活燃料[8]。我国煤层气资源十分丰富,是世界上第三大储量国,占世界排名前 12 位国家煤层气资源总量的 13％[9]。同时,煤层气也是一种主要的温室气体,其温室效应是二氧化碳的 26 倍,对臭氧层的破坏能力是二氧化碳的 7 倍[10]。因此,必须将煤层气作为一种资源进行开采,形成煤与煤层气的共采,才能在有效减少瓦斯灾害的同时实现煤层气的资源化开发和利用。

我国煤炭资源种类齐全,储量丰富,低阶煤主要分布在东北和西北地区,包括鄂尔多斯盆地和新疆地区[11],中、高阶煤主要分布在华北和西南地区[12]。我国近期可采煤层气资源量为 7 万亿 m³,主要包括沁水盆地、鄂尔多斯盆地东缘和南缘、滇东-黔西与准噶尔盆地南缘等。其中,中、高阶煤可采煤层气资源量占 53％,低阶煤可采煤层气资源量占 47％,各占"半壁江山"[13]。我国煤层气的勘探开发和利用,主要经历了 3 个发展阶段[14]:① 矿井瓦斯抽放发展阶段(1952—1989 年);② 现代煤层气技术引进阶段(1989—1995 年);③ 煤层气产业逐渐形成发展阶段(1996 年后)。自煤层气产业形成以来,对中、高阶煤煤层气的开发和利用已经取得了相当好的效果,尤其是在沁水盆地中南部地区[15-23]。

煤是一种具有复杂微观结构特征的多孔介质,其微观结构的复杂性主要表现为复杂的孔隙结构、组成成分和表面特性。煤的孔隙结构直接影响煤对煤层气的吸附解吸特性[24-27],而煤的孔隙结构和煤层气吸附解吸特性又影响煤层的煤层气含量、突出危险性和煤层气抽采。煤中不同大小的孔径分布特征、孔形状及其连通性等,直接决定了煤中煤层气的吸附解吸规律及其在煤层中的流动性,进而影响煤层气抽采[28]。煤的表面特性,如表面官能团的种类和含量对煤与气体分子之间的相互作用具有重要影响,进而影响煤层气在煤表面的吸附性[29-30]。随着对瓦斯灾害防治和煤层气开发与利用越来越重视,研究煤的微观结构特征及煤层气吸附解吸规律越来越成为一项重要的基础性研究工作。

煤层气的开采与煤的微观结构特征及煤层气吸附解吸规律密切相关。研究煤的微观结构对准确地评价煤的储层特征,深入地分析影响煤层气吸附解吸规律的关键因素具有重要意义,同时为合理地确定煤层气的抽采模式,有效地进行瓦斯治理,提供了理论依据。

1.2 国内外研究现状

1.2.1 煤层气开发研究现状

全球煤层气远景资源量很大,主要分布在 12 个国家(俄罗斯、加拿大、中国、澳大利亚、美国、德国、波兰、英国、乌克兰、哈萨克斯坦、印度、南非),按资源量多少排序,前几名依次为俄罗斯、中国、加拿大、美国和澳大利亚[31]。其中,美国、加拿大和澳大利亚的煤层气开发已经规模化、系统化、产业化,中国的煤层气开发尚处于起步阶段。由表 1-2 可以看出,中国单井产能低,平均日产气为994 m³,仅约为美国的 1/4;中国煤层气资源总量比美国大,但是年产气量仅为美国的 2.13%。其主要原因是中国的煤层气开发起步较晚,煤储层的渗透率低,对煤的微观结构和煤层气吸附解吸特性的基础研究相对落后[32-34]。

表 1-2 国内外煤层气勘探开发数据

国家	发展状况	主要分布地区	资源量 /($\times 10^{12}$ m³)	开发时间	生产井数/口	年产气量 /($\times 10^8$ m³)	单井日产量/m³
美国	成熟产业	圣胡安盆地、粉河盆地	21.19	1983 年	38 000	493.0	3 931
加拿大	发展迅速	阿尔伯塔省	17.9~76.0	2002 年	9 900	73.4	2 247
澳大利亚	发展迅速	东部悉尼、鲍恩和苏拉特盆地	8~14	1991 年	5 200	40.0	2 331
中国	起步阶段	沁水盆地、鄂尔多斯盆地	36.8	2003 年	3 200	10.5	994

美国是世界上在煤层气领域取得商业开发成功最早的国家,其早期的煤层气开发活动主要在科罗拉多州和新墨西哥州的圣胡安盆地以及阿拉巴马州的黑勇士盆地开展,这些区域的煤层气产量约占美国煤层气总产量的 95%[35-36]。随着煤层气产业的迅速发展,美国的煤层气资源开发活动不再局限于中阶煤储层的圣胡安盆地和黑勇士盆地,煤级从中阶煤扩展到高阶煤和低阶煤,特别是含气资源量较大的低阶煤盆地,粉河盆地成了低阶煤煤层气开发的典范[37]。除粉河盆地外,美国尤因塔盆地东部的低阶煤区的煤层气开发同样取得了成功[38]。近年来,加拿大和澳大利亚在煤层气开发方面也取得了重大进展,开始了低阶煤煤

层气勘探与评价工作。

针对不同的煤储层特性及地质条件,国外形成了中、高阶煤和低阶煤煤层气开采技术[39-40]。针对中、高阶煤,美国形成了适用于圣胡安盆地的钻井-洞穴完井技术体系(高渗透煤层),适用于黑勇士盆地、拉顿盆地等的钻井-套管完井-压裂技术体系(低渗透煤层)以及 CDX 公司开发的羽状水平井开发技术体系[41]。针对低阶煤,美国开发了适合粉河盆地的钻井-裸眼扩径技术体系(高渗低含气煤层)[42];加拿大根据含气量低、煤岩致密、渗透率低、含水饱和度低的特点,形成了连续油管钻井技术、高排量氮气泡沫压裂技术和羽状水平井技术[43-44];澳大利亚针对煤层含气量高、含水饱和度变化大、原地应力高等地质特点,提出了无承压水封闭成藏理论和开发特色技术,包括据原地应力优选开发区块、与CDX 钻井类似的 MRD 及 TRD 钻井、U 型水平钻井、沿高角度煤层钻井等技术[45]。但是,由于煤层赋存条件差异大,国外的煤层气开采技术不能很好地适用于我国煤层气的开采。

我国煤层气开发的主要区域在沁水盆地和鄂尔多斯盆地东部地区[46]。20世纪 90 年代初期,中国石油和晋城矿务局在晋城地区开展了煤层气勘探前期研究,共同认为该地区的煤层生烃史与构造史配置关系较好,构造简单,煤层厚度大,煤层含气量高,是煤层气开发的有利地区[47]。该地区煤储层属于高阶煤,煤层吸附能力较强,解吸率以小于 70% 为主,与美国圣胡安盆地相比,整体解吸速率相对较快[48-49]。鄂尔多斯盆地是我国煤层气资源条件和开发条件最好的盆地之一,曾被国内外地质专家誉为"中国的圣胡安"[50]。该区煤层孔隙类型以气孔和植物组织孔为主,大孔和微孔比例达到 80%~90%。煤层具有中等孔隙和中高渗透性的特征,煤层主干裂隙走向受古应力场的控制,与主应力方向一致且裂隙发育程度从北向南具有明显的分带性[51]。

随着煤层气实现商业化开发,中国已经掌握部分煤层气有效开发技术,主要包括高阶煤煤层气选区评价技术[52]、煤层气直井压裂技术[53]、定向羽状水平井开发技术[54]、低渗透煤层气井排水采气技术和煤层气地面工程工艺技术[55]。但是,广泛分布于西北侏罗纪盆地,如鄂尔多斯盆地、准噶尔盆地、吐哈盆地等,以及东北中新生代盆地的低阶煤的煤层气开发还比较薄弱。2009 年,吉林延边耀天燃气集团有限责任公司与沈阳煤层气研究中心合作,实施"珲春煤田低阶煤、多煤层、薄煤层煤层气开采压裂组合及投球分压关键技术研究"项目,在我国首次实现了低阶煤(褐煤)煤层气勘探开发重大突破[56]。低阶煤储层具有煤层厚、煤层气资源量大、渗透率高、构造简单、钻井工艺简单、投资周期短等特点,适用于商业性开发。低阶煤煤层气的开发不仅突破了煤层气含量低不适合进行商业开发的理论束缚,也丰富和拓展了煤层气开发的领域[35]。但是,国内研究的焦点主要集中在开采工艺和技术等方面,一些基础性的研究工作亟待进行。

1.2.2　煤的微观结构研究现状

煤的微观结构包括煤的物理结构和化学结构。其中,煤的物理结构指有机质分子结构之间的相互关系和作用方式,包括分子间的晶体结构和孔隙结构;化学结构指煤的有机质分子结构中,原子相互连接的次序和方式[57]。煤的微观结构的测试方法主要分为 3 类:

(1) 物理方法,如压汞法[58-62]、气体吸附脱附法[63-66]、X 射线衍射法(XRD)[67-69]、红外光谱法(IR)[70-71]、拉曼光谱法[72-73]、扫描电子显微镜(SEM)[74-75]、高倍透射电子显微镜(HRTEM)[76]、小角中子衍射法(SANS)[77]、小角散射法(SAXS)[78]、CT 成像技术(X-CT)[79]和核磁共振技术(NMR)[80]等。其中,压汞法、气体吸附脱附法、扫描电子显微镜以及小角中子衍射法可以获得煤的孔结构信息;X 射线衍射法可以用来测定煤的晶体结构、芳环结构大小等信息;红外光谱、拉曼光谱以及核磁共振技术可以用来测定煤中官能团、脂肪链、芳环结构等信息。

(2) 化学方法,主要包括核磁共振(NMR)[80]、高倍透射电镜(HRTEM)[81]以及铑离子的催化氧化反应(RICO)[82]等方法,这些方法主要用来建立煤的化学结构。

(3) 物理化学方法,如使用溶剂抽提[83]等,这种方法通过研究煤在溶剂中的可溶物质,来确定煤的化学结构以及研究煤中组分对煤结构的影响。

国内外学者采用上述方法对煤的微观结构进行了研究,得到了煤的孔隙特征以及表面特征等参数,为研究煤层气的吸附解吸特性奠定了基础。

1.2.2.1　煤的物理结构

1.2.2.1.1　煤的孔隙结构

煤由有机质、矿物质和煤中的各类孔隙、裂隙所构成,是一种含有不同孔径分布的多孔固态物质。煤中孔的体积和孔的大小、分布决定着煤炭开采时甲烷解吸和扩散的难易程度。Close[84]认为煤储层是由孔隙、裂隙组成的双重孔隙结构,而 Gamson 等[85]认为在孔隙、裂隙之间还存在着一种过渡类型的孔隙、裂隙。吴俊[86]用压汞仪对富烃煤和贫烃煤分别做了孔隙体积研究,发现破坏程度大的煤具有较大的孔隙体积,并且含有较多孔径大于 100 nm 的孔隙。Kirstin[87]在实验室使用微孔测定仪对煤样进行测量,测定仪记录了压力、孔径、平均孔径、累计体积、体积增加量和微分体积,并进行了孔径分布的讨论,得知煤中大孔和中孔的分布是非常易变且没有规律的,且在孔径-汞量增加值曲线上可以明显地看出,几乎所有的煤样在 0.3 μm 峰值处均有一个突然的增加。袁静[88]利用扫描电镜手段研究了松辽盆地东南隆起区上侏罗统储层孔隙发育特征。张素新等[89]利用扫描电镜观察和分析了大量煤样,发现储层中的微孔隙有植物细胞残留孔隙、基质孔隙和次生孔隙等3种类型。刘先贵、Michael 等[90-91]对孔隙结构随压力的变化规律做了研究。卢平、李祥春等[92-93]对不同含瓦斯煤的孔隙率进行了数学推导,但未见其实测数据。Radlinski 等[77]利用 SAXS 和 SANS 技术研究了煤的孔隙率、孔径分布和比表面积等参数,结果表明球形结构能够反映煤样的平均孔结构。Clarkson 等[94]通过二氧化碳吸附实验研究了加拿大西部沉积盆地烟煤的孔径分布特征,发现随着惰质组和矿物质成分的增加,微孔的不均匀性增强;煤体成分对微孔的分布特征具有重要影响。

根据国际理论与应用化学联合会(简称 IUPAC)的分类,煤中孔径可以分为大孔(>50 nm)、中孔(2~50 nm)和微孔(<2 nm)[95]。另外,根据不同的孔形状,可以将煤中的孔分为楔形孔、圆柱形孔、墨水瓶形孔等,如图1-1 所示。

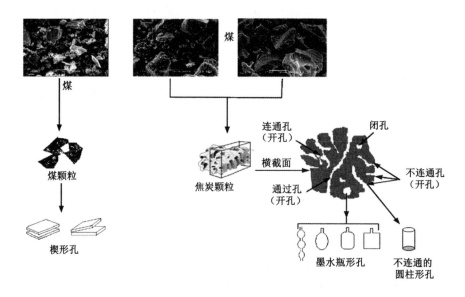

图1-1　煤中孔的形态

煤是一种多孔介质,其结构和性质对煤层气的吸附、解吸、存储及运输有极大的影响。然而,煤的孔结构具有高度的非均相性,使得描述其结构变得异常困难,因此,寻找一个合适的参数来描述对研究煤的吸附解吸特性非常重要[96]。后来,随着分形理论的出现,分形的方法被用来描述煤的结构的复杂性,现已成为分析表面特性和孔结构特征的一种强有力的工具[97-99]。分形维数 D 作为分形的定量表征和基本参数,能够描述表面的复杂程度和不规则性。分形维数的计算方法有很多种,包括小角度 X 射线衍射[100]、图像分析[101]和气体吸附[102-104]等。

国内外学者借助不同的实验手段研究了煤岩的分形特征。Qi 等人[105]采用 SANS 和液氮吸附实验分别计算了 3 种岩样的孔表面分形维数,发现采用吸附实验求得的分形维数通常比采用 SANS 方法求得的数值要小。Lee 等人[76]基于分形理论采用图像分析和气体吸附的方法分别计算了碳样本的表面分形维数和孔分形维数。Khalili 等人[106]根据气体和液体吸附实验数据,采用修正的 BET 模型和 Frenkel-Halsey-Hill(FHH)模型计算了 5 种样品的表面分形维数,FHH 分形计算结果表明范德瓦尔斯力是氮分子和碳分子之间的主要作用力。Xu 等人[107]发现煤的分形维数随着碳含量的增加逐渐增大,并与煤中灰分和挥发分的含量相关。Yao 等人[101]发现煤的表面粗糙度越高,可以向甲烷提供的吸附位越多;而孔结构越复杂,则可能导致气/液面的张力增大,反而不利于甲烷的吸附。傅雪海等人[108-109]根据中国 146 件煤样的压汞数据,通过对孔容与孔径结构的分形研究,将煤孔隙划分为小于 65 nm 的扩散孔隙和大于 65 nm 的渗透孔隙;同时,对煤样进行了宏观裂隙及显微裂隙的连续系统观测、统计,计算了煤中各级别裂隙的面密度维数,分析了分形维数与孔隙裂隙发育程度和煤变质程度的关系。王文峰等[110]通过对淮南、淮北两个研究区内各煤矿不同煤级煤样进行的压汞法孔隙测量结果的分析,表明用分形维数可以表示煤的孔隙结构特征,而且煤孔隙体积分形维数随着煤变质程度的增高而减小,渗透性随煤级的增加而减弱。江丙友等[111]研究发现,煤孔隙结构具有很好的分形特征,煤体越松软,分形性越好,用分形规律研究煤岩孔隙结构越精确;随着煤体硬度的增加,孔隙分形维数不断降低,煤体抗压强度不断增大。邓英尔、韦江雄等[112-113]建立了分形维数与煤岩孔隙率、渗透率的关系模型。

1.2.2.1.2 煤的晶体结构

煤虽然不是典型的结晶物质,但存在着类似晶体的结构,称为煤的基本结构单元,它是由芳香微晶片层叠合而成,主要由芳香核和烃的支链及各种官能团组成。低、中阶煤中含氧官能团、侧链、氢键较多,结构比较松散,微晶片层中叠合的芳香片层较少,芳香片层定向性差。随着煤化作用的增强,一方面,侧链和官能团相继裂解析出,形成各种烃类;另一方面,通过芳构化和缩聚作用实现分子重排,最终演变成具有三维晶体结构的石墨[114]。

目前研究煤的晶体结构的主要方法有 X 射线衍射(XRD)、电子顺磁共振光谱(EPR)以及核磁共振光谱(^{13}C-NMR)。国内外学者借助这些技术手段对煤的晶体结构进行了研究。Lu 等人[115]定量分析了 4 种澳大利亚煤样的 X 射线衍射数据,构建了煤结构的简化模型,并计算了煤中非晶碳的质量分数、芳香度、晶体结构的大小和分布,发现随着煤化程度的升高,煤中非晶碳的含量逐渐减小,煤晶核的直径在 0.6 nm 左右,芳香层数平均为 2~4 层。Saikia 等人[116]研究了具有不同碳含量的 5 种煤,发现 XRD 衍射峰中的芳香微晶片层的面网间距 d_{002} 和芳香度 f_a 的值都随着煤阶的增加而减小;另外,碳含量与挥发分及 d_{002} 的值有较强的线性依赖关系。姜波等人[117]研究了高煤级构造煤的 XRD 结构,发现构造应力是促使煤单元面网间距减小和堆砌度及延展度增大的重要影响因素。张代钧等人[118]基于 X 射线径向分布函数法原理,研究了煤中碳原子层的堆垛结构。徐龙君等人[119]用 X 射线衍射和 FTIR 光谱研究了突出区煤的结构,发现突出煤的 d_{002} 非常接近。罗陨飞等人[120]研究了中低变质程度煤的大分子结构,发现中低变质程度煤的物理结构具有非晶结构特征,随着变质程度的提高,煤中脂肪结构减少,芳香结构增多,且芳核在横向和纵向上进行芳环的缩聚反应。李小明等[121]研究了不同变质类型煤的结构演化特征,表明构造应力不仅影响物理煤化作用,而且在一定程度上可以导致煤有机大分子化学结构和化学组成的改变。

1.2.2.2 煤的化学结构

煤结构的复杂性和多变性不仅体现在煤的物理结构,而且体现在其化学结构。煤是由多种大分子化合物和矿物质组成的复杂混合物,其化学结构从本质上反映了其变质程度和表面特性[122]。国内外学者对煤的化学结构的研究焦点主要集中在煤中芳香碳、脂肪碳以及煤中各基团的种类和含量。Dela 等人[123]、Alemany 等人[124]采用固体核磁技术对 Illinois No.6 煤样进行了表征,发现该煤的芳香度分别为 0.72、0.70、0.68。Giroux 等人[125]通过 TG-FTIR 技术研究了热解过程中煤中含氧官能团的变化规律,并建立了热解气体和含氧官能团关于煤阶的函数关系。Li 等人[126]采用 ATR-FTIR 技术研究了煤中煤素质,尤其是煤中均质镜质体的特征,分析了煤中脂肪族官能团和芳香族官能团随煤阶的变化规律。Strydom 等人[127]在不同温度下对中阶烟煤进行了酸化处理,分析了其中含氧官能团和含氮官能团的变化规律。Chen 等人[128]通过对一系列煤样的红外光谱分析,发现随着煤样变质程度的增加,煤的芳香度增高,芳环的缩聚作用增强,脂肪支链长度减小;煤样的生烃能力在低阶煤阶段逐渐增强,而随着变质程度的增加,逐渐减弱。Li 等人[63]研究了不同变质程度煤中镜质组的结构特征,发现镜质组是煤素质中的主要生烃成分,其中的含氧官能团和烷基支链随着煤的变质程度的增加以不同的速度减少。冯杰等人[129]通过傅立叶红外光谱法研究了煤的结构,并采用模型化合物确定标准浓度的方法对羟基、芳氢/脂氢的比例、含氧官能团及亚甲基链长逐一进行了定量分析,归纳了不同煤种的反应活性。朱学栋等人[130-131]利用合适的光谱分析程序,把煤的红外吸收光谱分解成

38个高斯峰,确定了含氧官能团与其吸收强度之间的关系,并对我国18种煤的红外光谱进行研究;同时发现羧基、羟基和其他含氧官能团的氧含量均随着煤化程度的增加而减少,利用此方法确定了煤中芳香碳和脂肪碳的含量,获得了我国煤的结构参数。

1.2.3 煤层气吸附规律研究现状

1.2.3.1 煤层气吸附理论研究现状

吸附是指一种或多种组分在相界面处的富集(正吸附)或贫化(负吸附)。被界面分开的两相如果是气相与固相,称之为气-固吸附。吸附现象的发生是由于在相界面处异相分子之间的作用力和同相分子之间的作用力不同,从而存在剩余的自由力场。根据吸附作用力的不同,吸附被分为物理吸附和化学吸附。煤对煤层气的吸附作用属于物理吸附,其吸附特性一般用吸附等温线来表示。根据IUPAC的吸附等温线分类,煤对甲烷的吸附属于第Ⅰ类吸附等温线。

目前,常用的单相气体吸附模型有Langmuir单分子层吸附模型、BET多分子层吸附模型和微孔填充模型[132]。动力学方法认为,吸附平衡是一种动态平衡,当达到吸附平衡时,吸附速度等于解吸速度。此时,表观上气体不再被吸附,但吸附和解吸过程仍在同步进行[133]。1916年,Langmuir从动力学观点提出了单分子层吸附模型[134],该模型被广泛应用到中低压范围内煤与瓦斯的相互作用。BET多分子层吸附理论是由Brunauer、Emmett、Teller三人于1938年在单分子层吸附理论的基础上提出的[135],用于描述多分子层吸附。其假设条件为,固体表面发生单分子层吸附后,被吸附的分子和碰撞在其上面的气体分子之间存在着范德瓦尔斯力,仍可发生吸附。BET方程被较多地应用于研究水-煤相互作用及中低压煤-煤层气相互作用[136]。微孔填充理论则认为,对有些微孔介质,其孔径尺寸与被吸附分子的大小相当,吸附则可能发生在吸附剂的内部空间,即吸附是对微孔容积的填充而不是表面覆盖。微孔填充理论通常应用于研究超临界条件下煤与瓦斯的相互作用[137]。

除以上3种最常用的模型外,还有一些其他的理论模型,如著名的Gibbs公式,从热力学方程出发,描述了表面浓度、表面张力以及化学位之间的关系;Ono-Kondo格子吸附模型,根据吸附相和气相两个子系统的配分函数关系研究吸附过程,常用于描述高压气体或超临界流体的吸附[138]。

国内外学者根据上述吸附理论模型对甲烷的吸附规律进行了研究。Clarkson等人[139]采用4种不同的吸附模型研究了13种澳大利亚煤样吸附甲烷和二氧化碳的过程,发现无论是在高温(大于1.5倍的临界温度)、高压(10 MPa)下的甲烷吸附还是在低压(小于0.127 MPa)下的二氧化碳吸附,D-A

方程的拟合精度最好,其次是 D-R 方程和 BET 方程,Langmuir 方程最差。

吴俊[140]利用 Langmuir 吸附模型给出了煤表面能的计算方法,并讨论了表面能与煤变质程度的关系。秦勇等人[141]基于 Langmuir 吸附模型具体评价了我国煤层气的吸附特征和地域分布。辜敏等人[142]利用扩展 Langmuir 吸附模型模拟了煤层气注气开采过程中的多组分气体吸附,表明组分气体间具有竞争吸附,混合气的吸附和组分含量密切相关。蔺金太等人[143]研究了煤岩中甲烷、二氧化碳和氮气的吸附,发现三者的吸附均为物理吸附,但是在煤层条件下的吸附形式不同,甲烷和氮气的吸附可以用 Langmuir 吸附模型来描述,二氧化碳的吸附则要用 BET 吸附模型来描述。

陈昌国等人[144]利用微孔填充理论描述了无烟煤对甲烷的吸附。尹帅等人[145]利用微孔填充模型探讨了甲烷在页岩中吸附势的填充率、特征能量、特征系数以及吸附热等参数。张群等人[146]应用吸附势理论,研究了煤的甲烷吸附特征曲线的形态特点,推导出了新的煤吸附甲烷的温度-压力综合吸附模型,并给出了模型中特征常数的求取方法,该模型能够很好地描述在温度和压力共同作用下,包括特低煤阶的暗褐煤和特高煤阶的超无烟煤在内的全部煤阶的煤对甲烷的吸附特性。姜伟等人[147]以晋城无烟煤为研究对象,进行了 30 ℃时煤对甲烷和氮气的吸附解吸试验,根据 30 ℃时甲烷的吸附解吸数据,以吸附势理论为依据,预测了 50 ℃时甲烷的等温吸附曲线,结果表明预测曲线和实测曲线吻合良好,同时发现氮气和甲烷的吸附势对应压力在 0.61 MPa 时存在交点,表明压力低于0.61 MPa时氮气的吸附势高于甲烷的吸附势,此时注入氮气对煤层气的增产具有促进作用。

1.2.3.2 煤层气吸附影响因素研究现状

煤具有复杂的微观结构和组成成分,其对甲烷等气体的吸附能力主要取决于煤的岩石学组成、物理化学结构、变质程度、水分和煤体组分等自身因素,同时还受温度、压力等外在因素的影响。国内外学者采用不同的研究手段对煤吸附甲烷的影响因素进行了研究。

1.2.3.2.1 水分的影响

早在 1936 年,Coppen 等人就报道了 Belgian 煤矿观测到煤对甲烷的吸附能力由于煤中含有水分而降低。李子文等人研究发现水分与气体在煤中存在着竞争吸附,水分含量的增加必然会使得煤吸附气体的有效点位减少,引起吸附量的下降[148]。然而,下降的程度依赖于煤阶,高阶煤受水分的影响较小。

Laxminarayana 等人[149]在对印度的二叠系高-中挥发分烟煤($0.6\% < R_{o,max} < 1.46\%$,$R_{o,max}$ 为镜质组反射率)的甲烷吸附特性研究中,发现干燥煤样的等温吸附能力随煤级呈二项式变化规律,湿煤样等温吸附能力随煤级呈线性增大,但湿煤样

的吸附能力小于干煤样,且水分含量越高,吸附能力越低。Joubert 等人[136]研究发现,煤层在未达到临界水分时,水分增加使其对甲烷的吸附量降低,超过临界水分时,甲烷吸附量不再随水分的增加而降低。张庆玲[150]研究认为,水分从 0 增加到 2％,煤对甲烷的饱和吸附量从 35.1 cm³/g 降低到 25 cm³/g,达到临界水分(2％)后,水分的增加对吸附量无明显影响。钟玲文等人[151]比较平衡水煤样和干燥煤样对甲烷的吸附量后发现,在中低变质煤阶段,煤化作用越低平衡水煤样吸附量越小,认为其中原因之一是水分占据了煤中孔隙,降低了甲烷的吸附量;而中高变质程度煤受水分的影响吸附量虽有减小,但减小幅度要小于中低变质程度煤。

Delphine 等人[138]通过研究水在煤中的吸附及脱附等温线、吸附速率,发现水与煤相互作用的第一个过程是在低压范围内,与吸附的主要位点相关。在较高的扩散系数下,观测到第二个过程的开始,也就是在官能团附近形成水的团簇。此后,随着压力的增加以及扩散系数的降低,水团簇充填进煤的微孔中,最终,毛细管凝聚发生。

1.2.3.2.2 煤的组分的影响

固定碳、灰分以及挥发性物质是煤的主要组成部分,它们构成了煤特殊的非均质结构。研究煤的组分对甲烷吸附的影响就是将吸附实验数据与这些结构参数关联起来,建立相关关系。然而由于煤组成成分的复杂性,其对甲烷吸附的影响还未研究清楚。Weniger 等人[152]研究发现甲烷和二氧化碳的吸附量是与煤中固定碳含量相关的。Laxminarayana 等人[153]研究发现二氧化碳和甲烷的吸附量与煤中灰分的含量成负相关关系,固定碳含量控制了甲烷和二氧化碳在煤中的储存能力。Bustin 等人[154]以及 Mastalerz 等人[155]研究了岩相组成对气体吸附的影响,发现在相同的煤阶范围内,亮煤的吸附性远远高于暗煤。Faiz 等人[156]认为煤素质的组成和甲烷吸附量之间没有任何关联。

1.2.3.2.3 煤变质程度的影响

传统理论认为,褐煤的吸附能力明显低于其他各变质程度的煤,随煤级的增高,煤的 Langmuir 体积(吸附常数之一)具有"三段式"的演化模式:在 $R_{o,max}$ 为 1.3％和 3.5％附近达到极小值和极大值,至无烟煤中-晚期阶段吸附性消失。但该模式是以干燥煤样或煤中不含水分为基准的,严重脱离了地层条件下煤储层含水甚至被水饱和的实际[157]。为此,我国研究者进一步对煤在平衡水条件下的吸附及演化规律进行系统研究,发现 Langmuir 体积仅在 $R_{o,max}$ 为 4.5％附近达到最大值,实际呈现为"两段式"演化模式[158]。研究也揭示,Langmuir 体积极大值的显现位置滞后于煤化作用的阶跃,即吸附性的演化滞后于煤化学结构的演化,在无烟煤中-晚期阶段也仍然存在较为明显的吸附性。傅雪海等人[109]对全国 160 个矿区的资料进行统计后认为,煤层含气量演化有 4 个阶段:$R_{o,max} <$ 1.3%,1.3% $\leqslant R_{o,max} <$ 2.8%,2.8% $\leqslant R_{o,max} \leqslant$ 3.5%,$R_{o,max} >$ 3.5%;镜质组的孔隙性、吸附热等在 $R_{o,max}$ 等于 1.3%、2.0%、6.0% 等附近出现阶跃,造成其平衡水极限吸附量在 $R_{o,max}$ 为 2.0% 左右达到极大值,在 $R_{o,max}$ 达到 6.0% 之后吸附性消失。周荣福等[159]系统收集整理了我国各时代、各煤类干燥煤样等温吸附资料,对比研究了平衡水/干燥条件的煤样等温吸附实验结果,发现吸附常数(Langmuir 体积和压力)在不同煤级、不同聚煤期均有一定的分布规律,并根据两个吸附常数的分布,将研究目标区划分为 4 个类型。基于煤化作用对煤储层含气性和吸附性的阶跃式演化的研究,秦勇提出,以煤化作用第四阶跃点($R_{o,max} =$ 4.0%)为界,煤的含气性与吸附性表现为两个大的演化阶段:早中期为煤层气生成—吸附性增强—煤层气储集阶段,后期则为生成作用停止—吸附性减弱—煤层气残留/逸散阶段[160]。

1.2.3.2.4 煤的物理化学结构的影响

煤的物理化学结构主要包括煤的孔隙结构、堆垛结构以及煤表面官能团。艾鲁尼认为 CH_4 赋存在煤的 4 种部位[161]:第一种部位是大孔、裂隙和块体空间中,赋存方式为游离态和吸着态;第二种部位是分子之间的空间内,以吸收态,即"固溶"式存在;第三种部位是晶体的芳香层缺陷内,以置换方式存在;第四种部位是芳香碳晶体内,以渗入固溶方式存在。Bustin 等人[154]基于澳大利亚、加拿大和美国的系列煤样的 CO_2 等温吸附实验,提出对于同煤级煤,微孔孔容与镜质组含量和高压吸附能力之间具有良好的相关性,同时也指出,甲烷吸附能力最高的煤,其微孔孔容并不一定最大。Clarkson 等人[94]基于 4 个白垩系烟煤样品,从气体运移的角度分析了煤物质组成对孔隙结构及吸附特征的影响。对于 CH_4 和 CO_2,Langmuir 体积与 DR 微孔孔容之间具有线性关系,表明微孔体积是控制所研究煤样气体吸附能力的主要因素。陈萍等[162]在对低温氮等温吸附与煤中微孔裂隙特征的研究中,根据透气性能将煤中微孔隙划分为开放性透气孔、一段封闭的不透气孔和细颈瓶形孔等 3 大类。钟玲文等[163]在研究新集矿区的气肥煤的吸附性中发现,煤对 CH_4 的吸附能力与总孔体积、比表面积、微孔比表面积呈正相关关系,而对华亭煤的研究中,发现吸附能力与总孔体积无明显关系,只与微孔体积呈正相关关系。Krooss 等[164]研究发现,干燥煤样孔比表面积与吸附气体能力随煤级的变化具有良好的一致性。桑树勋等[165]在研究我国西北侏罗纪低煤级煤储层比表面积与吸附的特征中,通过平衡水煤样吸附解吸实验发现,西北两盆地煤样的孔比表面积与吸附气体能力呈负相关关系,认为可能是水分子作用的结果。

综上所述,煤对甲烷的吸附能力受多种因素的影响,其影响规律是复杂多变的,一般认为随着温度的升高、压力的减小,煤吸附甲烷的能力逐渐减小。总体上,煤对甲烷的吸附能力与总孔容、总比表面积以及微孔的比表面积呈正向关系,而与大孔的孔隙结构参数间的关系并不明显,但这种影响关系因为煤级的不同而具有一定的差异。水分与气体之间存在着竞争吸附,一般认为,水分含量达到一定临界值后,其增加对煤的吸附性影响很小甚至没有影响。另外,煤化程度、煤的岩石学组成对煤层气的吸附也有重要的作用,但其影响关系更为复杂。

1.2.4 煤层气解吸放散规律研究现状

1.2.4.1 煤层气解吸理论研究现状

解吸分为微观解吸和宏观解吸[166]。在原始状态下,煤体内部的煤层气处于吸附态和游离态的动平衡状态。一部分甲烷分子和煤基质或煤孔隙、微孔表面煤大分子间由于分子间作用力结合在一起,处于被吸附状态;另有一部分气体在煤孔隙、裂隙网络的约束下以自由气体的形式存在,处于游离状态,游离自由度受孔隙尺寸、气体压力等因素制约。当采煤活动对煤体产生扰动后,这种吸附态与游离态之间的动平衡已不复存在,吸附态甲烷自煤基质或孔隙表面脱离,发生微观解吸,随后扩散至裂隙网络,发生宏观解吸,最后随着游离气体的不断聚集产生压力梯度,在此压力梯度的作用下涌向煤体自由空间形成渗流过程。经过长期的实验研究和理论分析,将解吸划分为以下几类:降压解吸、置换解吸、升温解吸、电磁场诱导解吸等[167-168]。

1.2.4.1.1 降压解吸

降压解吸是一个最特殊的物理过程,也是开发利用煤层气的一种主要途径。当外部压力降低时,自内部向外部存在一个较大的压力梯度。在压力梯度的作用下,甲烷分子由高浓度区向低浓度区扩散,煤基质内部和表面的一部分吸附态和吸着态甲烷分子挣脱分子间作用力的束缚,变为游离态,成为自由气体,通过扩散作用或渗流过程涌向煤体裂隙网络或煤体外部。

1.2.4.1.2 置换解吸

人们在探索煤层气合理高效开采的过程中,通过理论分析和实验研究相结合的方法进行了多种尝试,注气开采就是其中一种,其主要原理就是基于多种气体的竞相吸附作用而引起的置换解吸。当两种或多种不同气体同时处于同一种煤体内部时,煤体优先吸附活化能较低的气体分子,吸附过程为放热过程,因此在煤吸附易于吸附的气体分子时会释放出一部分能量,这部分能量将有可能被吸附于煤体的活化能较高的气体分子获得,当能量积累到等于或大于其活化能时,活化能较高的气体分子便会发生解吸,由吸附态气体变为游离态气体。目前采用的向煤层注入二氧化碳提高煤层气采收率的方法便是基于置换解吸原理。

1.2.4.1.3　升温解吸

温度是热力学中的常用特征量,与物质的内能相关。研究发现,随着煤体温度升高,解吸率升高。从分子运动理论的角度,温度越高,气体分子的动能越大,势能越高,气体黏度系数降低,同时固体的表面势能降低,气体分子获得足够的能量和机会挣脱分子间作用力的束缚,变为游离态气体。煤层气注热开采便是基于升温解吸原理,目前已经进行了相关的理论研究和现场试验研究,取得了不错的效果。

1.2.4.1.4　电磁场、声场等诱导解吸

电磁场是电磁学里的一种物理场,顾名思义是具有相互联系的电场和磁场的总称,通常认为是由带电物体引起的。电磁场实际上也是一种能量分布场,它以电磁波的形式向周围传播能量。当电磁场作用于煤体时,煤体内部吸附态甲烷分子有机会获得逸散能,成为游离态气体分子。同样,声场也是一种能量场,常以声波的形式向四周传递能量。目前,应用电磁波、超声波等物理技术提高煤层气采收效果的研究在不间断地进行,具有广阔的应用前景。

1.2.4.2　煤层气解吸放散影响因素研究现状

1.2.4.2.1　水分对煤层气解吸放散的影响

水和煤层气广泛共存于煤体的孔隙与裂隙中。切尔诺夫等人[169]认为煤层中的液体会堵塞煤层气运移通道,导致含有大量水分的煤体煤层气含量较高,但是其煤层气放散速度较低。杨利平[170]认为经自由水浸泡过的煤样的煤层气解吸速度会明显下降。李耀谦等人[171]实验发现煤中的水分会导致煤体瓦斯解吸变慢,瓦斯残存量变大,李晓华[172]通过对阳泉3号煤层煤样进行实验,也得出了相似结论。肖知国等人[173]通过实验发现煤层注水后,初始煤层气解吸速度变小,煤层气解吸特征曲线上移。张时音等人[174]通过实验发现煤样注水之后,其扩散系数小于平衡水煤样。陈攀[175]通过大质量煤样研究水分对构造煤的煤层气解吸规律的影响,得出了水分对构造煤解吸影响的校正系数。李寨东等人[176]研究干煤、原始水分煤样、湿煤与平衡水分煤样的煤层气解吸规律,发现随煤中水分增加,相同时段的煤层气解吸速度都小于干煤样的速度,同时也得出了水分对煤层气解吸影响的校正系数。赵东等人[177]利用自制的解吸设备研究了不同含水率的块煤的解吸特征,发现含水量高的煤样吸附能力小,但是它的解吸率高于干燥煤样。牟俊惠等人[178]实验发现煤体的瓦斯放散初速度与煤体中水分的含量呈对数关系,而且当煤体的变质程度越高时,水分的影响越大。陈向军[179]研制了高压吸附状态下的注水实验装置,采用先对煤体进行瓦斯吸附再注水的方法进行研究,发现吸附过程中外加水分能够置换煤层中的瓦斯,而且对

解吸特征的作用受到变质程度的影响。

1.2.4.2.2 粒度对煤层气解吸放散的影响

杨其銮[180]提出了极限粒度的概念,未达到极限粒度时,瓦斯放散初速度随粒度的增大而减小,达到极限粒度后,瓦斯放散初速度就会保持恒定。曹垚林等人[181]研究了街洞矿区不同粒度碎屑煤的解吸强度,给出了实验煤样的极限粒度为 6 mm。侯锦秀[182]研究发现当煤样小于极限粒度时,煤层气的运移与颗粒的大小有关,随粒径增大,煤层气流动受到阻碍。贾彦楠等人[183]实验发现,在极限粒度范围内,煤层气解吸初速度与煤样粒度呈反比关系。刘彦伟等人[184]提出了原始粒度的概念,即当煤样达到某一粒度时,软煤与硬煤间的瓦斯解吸初始速度没有差别,这个粒度即为原始粒度,原始粒度小于极限粒度。陈向军等人[185]实验发现,煤样粒度越小,相同时间内的煤层气解吸量越大。

1.2.4.2.3 不同破坏类型对煤层气解吸放散的影响

李寨东等人[176]研究发现在相同的实验条件下,与构造软煤相比,原生结构煤不仅在相同时段的累积解吸量小,而且解吸速度慢。富向等人[186]运用自制的瓦斯放散速度测定仪研究了构造煤的瓦斯放散特征,实验发现文特式更适合描述构造煤的瓦斯放散过程。侯锦秀[182]研究发现瓦斯放散初速度随破坏程度的增大而增大,瓦斯放散速度的衰减速率也随破坏程度的增大而增大。陈向军等人[185]实验发现,煤样破坏越严重,在相同时间内的煤层气解吸量越大。

1.2.4.2.4 温度对煤层气解吸放散的影响

史广山等人[187]认为,随着解吸过程的温度变化的增大,煤层气解吸量与膨胀能均出现了明显的增大现象,煤层气解吸量和膨胀能的变化与温度变化呈现正相关性。李宏[188]通过实验发现随温度升高,颗粒煤的累积瓦斯解吸量及解吸增量增大,并认为巴雷尔式是描述不同温度下初始阶段瓦斯放散规律的最优公式,并将温度因子引入瓦斯损失量的数学模型中。李志强等人[189]通过实验发现,在 60 ℃之内,瓦斯综合扩散系数随温度升高先升高后降低。王轶波等人[190]通过对比分析低温环境和常温环境两种条件下的煤体瓦斯放散初速度,发现前者比后者小得多。王兆丰等人[191]以焦作无烟煤为研究对象,实验发现在低温环境下,温度和压力因素对煤层气解吸影响显著,建议采用取芯法测试煤层气解吸量时可以通过低温取芯来降低损失量。娄秀芳等人[192]利用 COMSOL 软件,模拟了低温环境下的煤层气运移。

1.2.4.2.5 外加物理场对煤层气解吸放散的影响

外加物理场主要指静电场、交变电磁场、声场以及振动环境。这些外加场在复杂的开采条件下是在不断变化的,进而导致煤层气的赋存环境以及运移通道受到影响,从而改变了煤层气的解吸放散规律。谭学术等人[193]认为煤体的渗透率随着静电场强度的增大而增大。王宏图等人[194]通过实验发现,加电场可以促进煤层气在煤层中的流动。李成武等人[195]实验发现不同煤样的瓦斯放散初速度随着静电场增大而变化的规律并不一致,且煤体会受到静电场的影响而产生记忆效应。刘保县等人[196]同时研究了静电场及交变电场对解吸的影响,认为这两种场均会促进煤层气的渗流。何学秋等人[197-198]实验发现对煤样施加电磁场后,瓦斯放散量增大。聂百胜等人[199]以表面物理化学理论为基础,分析了电磁场对煤层气解吸的影响机理,解释了电磁场强度与频率越大越利于煤层气解吸的原因。关于声场的影响相对研究较少,易俊、姜永东等人[200-202]认为声场在煤中传播可以产生热效应,并明显地促进煤层气的运移。宋晓、姜永东等人[203-204]用自制的声波作用下的煤层气解吸装置系统地研究了声波对解吸的影响,并建立了含有声波影响的煤层气解吸模型。吴仕贵等人[205]设计了利用超声波提升煤层气产量的装置。李树刚等人[206-207]研究了低频振动条件下瓦斯放散的特征及规律,发现瓦斯解吸量、瓦斯解吸速度均与振动频率呈现负相关性。赵勇等人[208]分析了振动对煤样的物理作用,并研究了其对煤层气解吸的影响。

1.2.4.2.6　不同介质环境对煤层气解吸放散的影响

与现场中的煤层气解吸环境相比,实验室环境相对简单。为了使实验结果与现场规律保持相同或者相似,以现场环境为根据,不同学者研究了现场中存在的各种环境条件下的煤层气解吸规律。董全[209]通过将泥浆罐与煤样罐连通,模拟钻孔的见煤过程,研究了泥浆介质中煤的粒度对煤层气解吸规律的影响。王兆丰[210]对比了煤样瓦斯在空气、水以及泥浆介质中的放散规律,指出煤样瓦斯在水和泥浆中的放散与在空气中截然不同。孙锐[211]以 Fick 定律及渗流-扩散方程为基础,描述了煤层气在泥浆介质中的放散规律。袁军伟等人[212]也以 Fick 定律为基础,建立了水环境中煤层气解吸的方程,并与实验结果进行了对比。秦玉金[213]模拟了地勘取芯过程中泥浆介质对煤层气解吸的影响,发现泥浆介质条件下煤层气解吸曲线呈宽缓"S"形或者类双曲正切函数曲线。

1.2.4.2.7　应力对煤层气解吸的影响

Hol 等人[214]通过实验发现,在单轴应力作用下,当有效应力增大至 35 MPa时,可促使煤层气解吸 5%～50%,即有效应力会促进煤层气的解吸。唐巨鹏等人[215-216]通过自制的三轴瓦斯解吸仪对标准煤样在不同的应力及孔隙压组合下的解吸规律进行了研究。李小春等人[217]运用自制的原煤吸附等温装置,研究了有效应力对甲烷吸附量的影响,也发现了与 Hol 等人的研究类似的现象,即当有效应力增大时,甲烷的吸附量降低,且孔隙压力越大,这种效应越明显。

1.3 存在的主要问题

尽管国内外学者在煤的微观结构以及吸附解吸规律方面做了大量的研究工作,并取得了丰富的研究成果,但由于煤结构和组分的复杂性,煤层气吸附解吸规律及其影响因素仍不十分清楚,不同学者的研究结果相差较大,甚至出现不同的规律。因此,目前的研究工作还存在着问题和不足,亟待进一步完善。

(1)目前国内外学者对煤层气吸附解吸影响因素的研究主要集中在煤的物理结构,如煤的孔隙结构等方面,对化学结构对吸附解吸影响的研究较少。而煤的化学结构,如表面官能团,对煤的表面特性具有重要影响,进而对煤层气的吸附解吸产生影响。研究煤的表面官能团能够丰富和完善煤的微观结构特征,更加全面系统地研究影响煤层气吸附解吸的关键因素。

(2)目前煤体组分对煤层气吸附解吸影响的研究较多,但研究结果缺乏一致性,因此,需要一个统一的参数来反映煤结构和组成的复杂性,进而表征其对吸附解吸的影响。而分形维数与煤体组分和孔隙结构密切相关,可以用来表征煤组分和结构的复杂性。

(3)尽管国内外学者对煤层气吸附解吸规律进行了研究,但是只考虑了常规因素,如水分、温度、压力等对吸附解吸的影响,缺乏整体微观结构对煤层气吸附解吸控制机理的研究。同时,煤层气吸附解吸存在滞后现象,关于滞后程度的定量表征和影响因素研究较少。

1.4 主要研究内容

研究煤的微观结构特征及其对煤层气吸附解吸的控制机理,涉及煤化学、物理化学、吸附科学等学科,是一个多学科的交叉。针对目前国内外的研究现状及存在的问题,本书在现有研究水平和条件的基础上,通过不同变质程度煤样的对比分析,系统地研究了煤的微观结构特征和煤层气吸附解吸规律,在此基础上得到了煤层气吸附解吸的控制机理,提出了针对低阶煤煤层气开采的高效抽采模式。具体的研究内容如下:

(1)煤的物质组成及孔隙特征。

主要包括:煤的物质组成和煤岩特征;煤的孔径分布特征和孔隙类型,各类孔径所占的比例。

(2)煤孔隙特征的分形研究。

主要包括:根据压汞实验数据,计算煤中大孔的分形维数,并建立分形维数与煤体孔隙率的数学关系;分析液氮吸附解吸实验数据,计算煤的表面分形维数和结构分形维数,并探讨煤的物质组成与分形维数的关系。

(3) 煤表面官能团的定量研究。

主要包括:定性分析不同变质程度煤表面官能团的演化规律;通过分峰拟合,定量计算煤中各类官能团的含量,定义煤的化学结构参数,研究煤中芳香结构、脂肪结构以及含氧官能团的演化规律。

(4) 不同变质程度煤的煤层气吸附解吸规律研究。

主要包括:采用不同吸附模型表征煤的吸附性能,探究煤层气吸附规律;引入修正的 Langmuir 吸附模型研究煤的解吸性能,计算不同变质程度煤的解吸效率;定量计算不同变质程度煤的解吸滞后系数。

(5) 煤的微观结构特征对煤层气吸附解吸的控制机理。

主要包括:煤的孔径分布特征和孔隙类型对煤层气吸附解吸的影响;煤的表面官能团对煤层气吸附解吸的影响;分形维数对煤层气吸附解吸的影响;在此基础上,提出煤的微观结构特征对煤层气吸附解吸的控制机理。

(6) 基于煤层气吸附解吸控制机理的低阶煤煤层气高效抽采模式。

主要包括:分析大佛寺煤矿的煤层气赋存特征和孔隙结构特征;结合研究结果,提出适合低阶煤的高效抽采模式。

第2章　煤的孔隙结构特征及分形研究

2.1　引言

　　煤是一种由有机质、矿物质和各类孔隙、裂隙所构成的具有复杂微观结构特征的多孔介质[218-219]。煤的孔隙结构非常复杂,其孔径分布、比表面积、孔容等参数直接影响煤层气的吸附解吸特性。

　　目前,研究煤的孔隙结构特征的方法主要是根据不同的孔隙类型选择合适的表征方法来对孔隙进行分类,分别研究不同孔隙类型的孔径分布特征[220-222]。前人的研究表明,煤的孔隙结构特征受煤的组成和变质程度的影响,不同变质程度的煤具有明显的差异。因此,在研究煤层气的吸附解吸规律时,必须弄清不同变质程度煤的孔隙结构特征。压汞法和气体吸附法是目前最常用的两种表征煤孔隙结构特征的方法,通过实验曲线和数据分析可以得到煤中的孔隙类型和孔径分布,从而研究煤的孔隙结构特征对煤层气吸附解吸的作用机制,为煤层气高效开采提供理论基础。

　　在研究煤的孔隙结构特征的过程中发现,由于煤体多孔介质内部的孔隙结构十分复杂,难以用传统的几何方法进行准确描述,只能用统计的方法进行研究,因此,亟须一个参数来准确反映煤的孔隙结构特征。分形理论自诞生以来,在研究自相似形态现象和结构方面发挥了重要作用,能够定义和描述多孔介质孔的不规则性和表面的粗糙程度。国内外大量研究结果表明,含有大量孔隙、裂隙的煤体是一种分形体,其孔隙表面的断裂、变形、孔隙率、渗透率及其物理性质均具有分形特征。国内外学者利用分形理论研究了多孔介质的孔隙结构特征和渗透性能、煤岩超微孔隙结构特征、多孔介质渗透率与孔隙率理论关系模型等。研究煤孔隙结构的分形特征主要借助压汞实验和液氮吸附实验。

　　本章在研究煤的孔隙分类的基础上,结合常用的孔隙结构测定方法,研究了典型煤的孔隙结构特征。通过分析压汞实验数据,计算了煤中大孔的分形维数,并建立了孔隙率与分形维数的数学关系模型;通过分析液氮吸附数据,计算了煤的表面分形维数和结构分形维数,并研究了煤的物质组成对分形维数的影响。

2.2　煤的孔隙分类

煤的孔隙结构非常复杂,不仅含有大量的微孔隙,可以为气体吸附提供广阔的比表面积,而且还含有大孔隙和微裂隙,为气体在煤层中的流动提供通道。不同煤的成煤原因、环境和成煤过程不同,使得其中孔的大小、形态各异,直接反映了煤的宏观物理化学性质。因此,很有必要通过煤的孔隙分类来研究煤的孔隙结构特征。根据国内外研究结果,煤的孔隙分类方法主要有 4 种,分别是按照煤的组成及结构性质分类、按照孔隙的成因分类、按照孔隙的大小分类和按照孔隙的形态及连通性分类。

2.2.1　按照煤的组成及结构性质分类

按照煤的组成及结构性质,煤中孔隙可以分为以下 3 类[223]。

2.2.1.1　宏观孔隙

宏观孔隙是指可用肉眼分辨的层理、节理、劈理及次生裂隙等形成的孔隙。肉眼的最高分辨率大致为 0.1 mm,因此,宏观孔隙一般属于毫米级。宏观孔隙是由于沉积相改变、凝胶体在成岩作用下脱水缩干和地质构造运动破坏形成的。煤中原生和次生的节理和层理等是煤受机械载荷时产生破坏的薄弱面,它在很大程度上决定着煤的强度性质。

2.2.1.2　显微孔隙

显微孔隙是指用光学显微镜和扫描电镜能分辨的孔隙。煤是复杂的多种高分子物质的混合物。煤中包含各种不同大小的结构单元:大分子、结晶体、胶粒和结构单体。这些大小不同的结构单元相结合时,可以形成各种不同大小的孔隙。结合煤的显微组分,显微孔隙的构成大致有以下几种:

(1)煤中保留的植物残骸组织的孔腔或内腔,如丝炭组分的组织孔腔,菌类体、孢粉、藻类体的内腔所构成的孔隙。

(2)各种显微组分的界面,显微组分间微结构(条带状、团块状及碎黏状结构)和微构造(微断层、微褶曲)构成的孔隙。

(3)煤中无机组分黄铁矿、方解石等结晶群之间,黏土矿物片状、纤维状、叠层状结晶群之间所构成的孔隙。

(4)成煤作用过程中煤的凝胶质形成的干缩孔、排气孔、脱水孔和侵蚀孔等。

显微孔隙放大 300～10 000 倍后可清晰地观察和测量,孔隙的尺寸一般为微米级。

2.2.1.3　分子孔隙

分子孔隙指煤的分子结构所构成的超微孔隙。现代研究认为,煤分子的结构模型为:中间是由不同数量芳香环组成的芳香核(芳环层),在芳香核周围连接有交联键(烷基侧链,如甲基、乙基、丙基等)、各种桥键(次甲基键、醚键、硫醚键、次甲基醚键和芳香碳碳键等)和官能团(如各种含氧官能团等)。低变质煤为敞开型结构,芳香核为单层,相互由交联键连接,方向随机取向,形成三维空间的多空体系;中变质煤芳香核由 2 层以上的芳香层组成,互相叠合,在一定方向上取向,交联键大为减少,形成二维空间结构,孔隙率最小;高变质煤芳香核增大,叠合程度增加,分子排列趋于有序化,孔隙率再次增大。总之,在煤分子内部和分子之间构成一系列超微孔隙,这些孔隙的尺寸一般皆在 0.1 μm 以下[224]。

2.2.2　按照孔隙的成因分类

煤中孔隙的成因类型和发育特征是煤层生气、储气和渗透性能的直接反映,国内外学者对此进行了大量的研究。Gan 等[225]按照成因将孔隙类型划分为煤植体孔、分子间孔、热成因孔和裂缝孔。吴俊[86]根据压汞实验曲线和煤层中气体运移特征将煤中的孔隙分为气体容积型扩散孔隙和气体分子型扩散孔隙。郝琦[226]采用电子扫描技术将煤中的孔隙分为气孔、植物组织孔、溶蚀孔、矿物铸模孔、晶间孔、原生粒间孔以及内生裂隙、构造裂隙等。

(1)气孔(或生气孔)。它是成煤过程中形成气体产物留下的孔洞。其中镜质体中最为多见,一般呈单个出现,成气作用强烈时则可密集成群;有时在结构丝质体胞壁和均一丝质体碎片上也有发现;在稳定组的角质体和树脂体中则偶而见之。在所有显微组分中出现的气孔外形多为圆形、椭圆形、水滴形,大者可呈不规则的港湾状,其轮廓圆滑、大小悬殊,直径从 100 nm 到 10 000 nm 都有,一般为 1 000 nm 左右,通常不充填矿物。个别气孔呈现圆管状,纵向长达30 000 nm,有的还可以彼此连通。在镜质体中还可见到气孔明显保留了因受热塑变而使边缘弯曲的形状。

(2)植物组织孔。它们是成煤植物本身所具有的组织结构孔。当成煤原始植物死亡埋藏后,由于植物各部分的细胞腔内多为轻的、易水解的蛋白质和醣类等化学性质不稳定的化合物,在细菌和酶的作用下不断分解;胞壁组织由于成煤条件、变化过程及作用程度不同而保留了相应的胞壁结构,最常见的有镜质体、丝质体中保留的植物木质纤维组织的胞腔、导管及其上的各种纹孔、筛孔。有的煤还能见到木栓质体(植物树皮部分)的细胞腔和表皮组织的呼吸孔。有时还可发现少量低等生物的体腔孔。

这些植物组织上的微孔和胞腔,其孔径大者可达 10^5 nm,小者约为100 nm,

与气孔的大小相近。它们的最大特点是排列整齐、大小均一、保存完整,同现代植物的有关组织结构极为相似,在较低和中等煤化程度的煤中最常见到。

(3)溶蚀孔。煤中常含黄铁矿、长石及碳酸盐矿物,在空气、地下水作用下易于风化或溶蚀而产生次生孔洞;当煤层形成后,有时受气水溶液循环过程的溶蚀作用影响,亦能产生众多孔隙。这类孔洞的大小和形态极不规则。

(4)矿物铸模孔。煤层形成初期,煤中混杂的原生矿物晶体(常见的是方解石和黄铁矿)在成岩阶段压固作用下,因晶体较坚固,晶体形状不易改变,而周围有机物质(常混入少量黏土矿物)收缩紧密化,则晶体和有机物接触部分产生间隙,使得水流易于出入,在一定水动力、水介质条件下,矿物遭受冲击或局部溶解易于脱落,而留下与晶形大体相仿的印坑。当某些矿物本身(如黄铁矿、黏土矿团粒)外形较圆时,应注意与气孔的区分,在扫描时注意大面积观察,有时会找出保存完好的铸体本身而不难辨认。

(5)晶间孔。它可分为原生和次生两类。原生晶间孔是在成煤作用过程中,环境稳定、介质条件适当情况下,矿物结晶造成的晶粒之间的孔隙。次生晶间孔是流水自围岩、地表或其他岩层带来的矿物质在一定条件下重结晶而成的晶粒间孔隙。次生晶间孔多沿裂隙和层面发育,也可在煤中较大孔隙的空间内生成。

(6)原生粒间孔。它是成煤时各种成煤物质(主要是有机物质,其次为矿物杂质、生物遗体等)颗粒之间的孔隙。这主要是在成岩作用中成煤物质压紧、失水变得逐渐致密化过程中保留下来的孔洞。小于 10 nm 的微孔可用水银孔隙测定仪直接测定,大于 10 nm 的孔隙可用扫描电镜进行观察。这类孔隙取决于成煤物质的多种多样,孔径大小不一、形态各异。

在前人研究的基础上,李强等[227]按孔的性质将煤中的孔隙分为变质气孔、植物组织孔、颗粒间孔、胶体收缩孔、层间孔和矿物溶蚀孔。

(1)变质气孔。变质气孔是煤中出现的由于有机质强烈的成烃作用和挥发作用形成的孔,在形态上有圆形、椭圆形、拉长(变形)和不规则形状等,分布不均匀,呈单个或群体出现,气孔边缘多不光滑。它们是富烃或成烃转化率高的有机质原地成烃的空间证据。多出现于镜质体和树皮体中,连通性差。

(2)植物组织孔。植物组织孔是具有一定规则分布和排列特征的孔隙,是由于植物细胞组织内蛋白质、醣类等化学性质不稳定的化合物经生物地球化学作用强烈分解而残留的空隙。它们常出现于丝质体和镜质体中。这类孔隙易被有机质或矿物质充填,连通性差。

(3)颗粒间孔。颗粒间孔可分为两种类型:一种是由破碎的显微组分形成,常发育在微角砾煤或微碎裂煤中;另一种是发育在原生结构为碎屑状结构的煤中。无论哪种类型都具有较好的连通性。

（4）胶体收缩孔。胶体收缩孔为基质镜质体的特征产物，由于植物残体受强烈的生物化学作用，它仍从有形物质降解成胶体物质，在此过程中胶体脱水收缩并呈超微球体聚合，形成基质镜质体，球粒之间的空隙称为胶体收缩孔（不包括内生裂隙）。胶体收缩孔一般孔径较小，连通性差。

（5）层间孔。层间孔是由于层状分布的煤岩组分之间表面不平或有其他杂质存在，层面上下组分之间缝合不好，中间留下的空隙（不包括后期受构造应力形成的顺层裂隙）。此种孔隙较少，但连通性好。

（6）矿物溶蚀孔。矿物溶蚀孔是煤层中出现的一些孤立存在的，有时具有矿物形态的孔隙。它们的成因有两种：一种是成煤过程中或成煤后期地质作用中地下水对可溶性矿物的溶蚀作用；另一种是有机质在热演化过程中所形成的酸碱有机气体对可溶性矿物的溶蚀作用。矿物溶蚀孔一般连通性较差。

张慧等[228]通过大量的扫描电镜实验结果将煤中的孔隙总结归纳为 4 大类 10 小类，如表 2-1 所列。

表 2-1　煤的孔隙类型及其成因

类型		成因简介
原生孔	胞腔孔	成煤植物本身所具有的细胞结构孔
	屑间孔	镜屑体、惰屑体和壳屑体等碎屑状颗粒之间的孔隙
变质孔	链间孔	凝胶化物质在变质作用下缩聚而形成的链之间的孔隙
	气孔	煤变质过程中由生气和聚气作用而形成的孔隙
外生孔	角砾孔	煤受构造应力破坏而形成的角砾之间的孔隙
	碎粒孔	煤受构造应力破坏而形成的碎粒之间的孔隙
	摩擦孔	压应力作用下面与面之间因摩擦而形成的孔隙
矿物质孔	铸模孔	煤中矿物质在有机质中因硬度差异而铸成的印坑
	溶蚀孔	可溶性矿物质在长期气、水作用下受溶蚀而形成的孔
	晶间孔	矿物晶粒之间的孔

2.2.3　按照孔隙的大小分类

煤是一种孔隙极为发育的储集体，煤的表面和本体遍布由有机质、矿物质形成的各类孔，是包含不同孔径分布的多孔固态物质。煤中孔径的大小是不均一的，国内外学者基于不同的研究目的和测试方法，按照大小对煤中的孔隙进行了分类，但是，到目前为止，对煤中孔隙的分类还很不统一，比较有代表性的分类方法如表 2-2 所列[229-234]。

表 2-2　煤的孔隙结构分类方法　　　　单位：nm

霍多特 (1961)	杜比宁 (1966)	IUPAC (1978)	Gan 等 (1972)	抚顺煤研所(1985)	杨思敬等 (1991)	吴俊等 (1991)	秦勇 (1994)	琚宜文等 (2005)
可见孔 >100 000	大孔 >20	大孔 >50	粗孔 >30	大孔 >100	大孔 >750	大孔 1 000~1 500	大孔 >450	超大孔 >20 000
大孔 1 000~100 000	中孔(过渡孔) 2~20	中孔 2~50	过渡孔 1.2~30	过渡孔 8~100	中孔 50~750	中孔 100~1 000	中孔 50~450	大孔 5 000~20 000
中孔 100~1 000					过渡孔 10~50	过渡孔 10~100	过渡孔 15~50	中孔 100~5 000
过渡孔 10~100	微孔 <2	微孔 <2	微孔 <1.2	微孔 <8	微孔 <10	微孔 <10	微孔 <15	过渡孔 15~100
微孔 <10								微孔 <15

在众多的孔隙大小分类方法中，国内外常用的分类方法主要有以下 3 种。

2.2.3.1　杜比宁分类方法

该分类方法多用于研究多孔介质的吸附特性，主要将孔隙分为以下 3 类：

（1）大孔，孔径>20 nm。此类孔对煤吸附煤层气的影响较小。

（2）中孔（过渡孔），孔径为 2~20 nm。此类孔容积较小，比表面积也较小。

（3）微孔，孔径<2 nm。比表面积较大，是煤吸附煤层气的主要场所。

在杜比宁的孔隙分类中，其物理依据有[219]：所谓微孔，就是指在相当于滞后回线开始时的相对压力下已经被完全充填的那些孔隙，它们相当于吸附分子的大小。微孔的容积约为 0.2~0.6 cm³/g，而其孔隙数量约为 10^{20} 个/g。全部微孔的比表面积对于煤基活性炭来说约为 500~1 000 m²/g。由此可见，微孔是决定吸附能力大小的重要因素。

过渡孔是那些能发生毛细管凝聚使被吸附物质液化而形成弯液面，从而在吸附等温线上出现滞后回线的孔隙。中孔的孔容积较小，约为 0.015~0.15 cm³/g。

大孔在技术上是不能实现毛细管凝聚的，主要为煤层气在煤中的扩散空间。

2.2.3.2　霍多特分类方法

该类方法常用于研究煤层气在煤层中的赋存与流动规律，主要将孔隙分为以下几类：

（1）微孔，孔径<10 nm。它构成煤中的吸附容积，通常认为是不可压缩的。

（2）小孔（过渡孔），孔径为 10～100 nm。它构成了毛细管凝聚和煤层气扩散的空间。

（3）中孔，孔径为 100～1 000 nm。它构成了煤层气缓慢层流渗透的区间。

（4）大孔，孔径为 1 000～100 000 nm。它构成强烈的层流渗透区间，并决定了具有强烈破坏结构煤的破坏面。

（5）可见孔及裂隙，孔径>100 000 nm。它构成层流及紊流混合渗透的区间，并决定了煤的宏观破坏面。

2.2.3.3　IUPAC 分类方法

IUPAC 分类方法是在 1978 年提出的，它将煤中的孔隙分为以下 3 类[219]：

（1）大孔，孔径>50 nm，其中孔径>1 μm 的孔能够用光学显微镜观察到；小的孔则能用扫描电子显微镜（SEM）看到；较大的孔则用图像分析技术对孔径加以定量，或用压汞法进行孔径测定。

（2）中孔，孔径为 2～50 nm，能用 SEM 观察到或借透射电子显微镜（TEM）对孔进行定量测量；亦可用氮吸附法或小角中子衍射法（SANS）或小角散射法（SAXS）进行定量测量。

（3）微孔，孔径<2 nm，微孔尺寸及孔径波动范围能用 SAXS 法或 CO_2 吸附法或纯氦比重技术进行计算。

在研究煤的孔隙结构特征时，需根据研究内容的不同选择合适的孔隙分类方法。

2.2.4　按照孔隙的形态及连通状态分类

根据煤的开放性，可以将煤中的孔隙分为开放孔、半开放孔和封闭孔[13]。国内外学者通过扫描电镜、压汞实验和液氮吸附实验研究发现，煤中孔隙间的空间分布是其连通性的定性反映。开放型孔道由于其中大孔和可见孔的分布较多，最有利于煤层气的运移。而封闭型孔道，由于孔隙多集中在微孔隙阶段，导致孔隙通道不畅通，使得煤层气运移难度增大。

通过分析压汞实验的进汞-退汞曲线和液氮吸附实验的吸附-脱附曲线，可以研究煤中孔隙的形态和连通性[38]。根据压汞曲线滞后环的特征，可以初步判定煤孔隙的开放性。开放孔具有压汞滞后环，半开放孔由于退汞压力与进汞压力相等而不具有滞后环，但一种特殊的半开放孔——细瓶颈孔，由于其瓶颈和瓶体的退汞压力不同，也会形成滞后环。

开尔文认为液体的饱和蒸气压与弯液面的曲率有关，根据开尔文方程，毛细管内液体的饱和蒸气压比平液面小，因此，毛细管内的液面上升，蒸气发生凝聚，产生毛细管凝聚。如果测试材料中含有中孔和大孔，其表面一定会发生毛细管凝聚现象[235]。不同的孔隙形态会产生不同程度的吸附解吸滞后，Lippens 等[236]根据孔的不同形状将滞后环分为 4 类，如图 2-1 所示，对应的孔形状如图 2-2 所示。

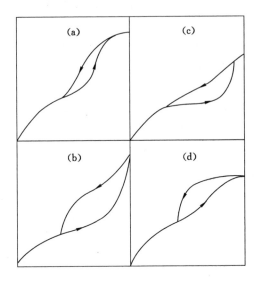

图 2-1　吸附滞后环的类型

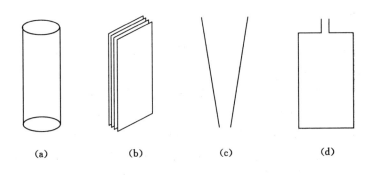

图 2-2　孔的形状

图 2-1(a)所示的液氮吸附类型曲线发生在两端开口的圆筒形孔中；
图 2-1(b)所示的液氮吸附类型曲线发生在狭缝形孔和两平行板之间的缝隙中；

图 2-1(c)所示的液氮吸附类型曲线发生在两端开口的楔形孔中;图 2-1(d)所示的液氮吸附类型曲线发生在一种特殊的半封闭孔——墨水瓶形孔中。根据孔形和开放性可以将煤中的孔大致分为 3 类[157]:第 I 类是开放性孔,包括两端开口的圆筒形孔和四周开口的平行板孔或狭缝形孔,产生吸附回线;第 II 类是一端封闭的半开放性孔,包括一端封闭的圆筒形孔、一端封闭的楔形孔或圆锥形孔,不产生吸附回线;第 III 类是一类特殊的半开放性孔——墨水瓶形孔,根据开尔文方程,脱附时的平衡压力小于吸附时的平衡压力,因此会产生吸附回线,且脱附分支会出现急剧下降的拐点。

2.3　煤的孔隙结构参数及测定方法

煤是一种多孔介质,煤体吸附瓦斯是煤的一种自然属性。煤表面吸附瓦斯量的多少,与煤体表面积的大小密切相关,而煤体表面积的大小则和煤体孔隙特征有关。因此,研究煤的孔隙结构参数对研究煤体吸附瓦斯具有重要作用。其中,表征煤孔隙结构特征的两个主要参数分别为孔隙率和比表面积。

2.3.1　孔隙率

煤是一种包含有机质的岩石,它的有机物成分很复杂。在电子显微镜下观察,煤的有机物质类似海绵体,具有一个庞大的微孔系统:微孔直径从零点几个纳米到数纳米,微孔之间则由一些直径只有甲烷分子大小的微小毛细管所沟通,彼此交织,组成超细网状结构,具有很大的内表面积,有的高达 $200 \ m^2/g$,形成了煤体特有的多孔结构。这种超细结构好像一个分子筛,能够容纳瓦斯分子而又不破坏它的化学结构,为瓦斯在煤体中的赋存提供了极佳的场所。

煤是多孔物质,非突出煤结构致密,而突出煤则结构疏松、呈土状结构。为了衡量煤的多孔程度,用孔隙率 φ 来表示。煤的孔隙率就是孔隙的总体积与煤的总体积的比,其计算公式为[218]:

$$\varphi = \frac{V_s - V_d}{V_s} \times 100\% = \left(1 - \frac{V_d}{V_s}\right) \times 100\% \tag{2-1}$$

$$V_d = \frac{M}{d} \tag{2-2}$$

$$V_s = \frac{M}{\gamma} \tag{2-3}$$

式中　φ——煤的孔隙率，%；

　　　V_s——煤的总体积，包括其中孔隙体积，cm^3；

　　　V_d——煤的骨架体积，除煤孔隙以外的体积，cm^3；

　　　M——煤的质量，g；

　　　d——煤的真密度，g/cm^3；

　　　γ——煤的视密度，g/cm^3。

将式(2-2)、式(2-3)代入式(2-1)，则有：

$$\varphi = \left(1 - \frac{M}{d} \cdot \frac{\gamma}{M}\right) \times 100\% = \left(1 - \frac{\gamma}{d}\right) \times 100\% \tag{2-4}$$

煤的真密度和视密度可在实验室内测得。

孔隙率是决定煤的吸附、渗透和强度性能的重要因素；通过孔隙率和瓦斯压力的测定，可以计算出煤层中的游离瓦斯量。此外，孔隙率的大小与煤中瓦斯流动情况也有密切关系。

2.3.2　比表面积

煤是孔隙体，其中含有大量的表面积，单位质量煤具有的表面积被称为比表面积。据苏联矿业研究所的资料，各种孔隙直径与其表面积和体积有表 2-3 所列的关系。从中可知，微微孔和微孔孔隙体积还不到总体积的 55%，而其孔隙表面积却占整个表面积的 97% 以上。从表中可知，微孔发育的煤，尽管其孔隙率可能不高，可是却有相当可观的表面积[218]。表 2-4 是中煤科工集团重庆研究院有限公司测定的一些煤的比表面积。从表中可知，随着挥发分的减少及煤化程度的增加，煤的比表面积呈逐渐增大的趋势。

表 2-3　孔隙直径与其表面积、体积关系

孔隙类别	孔隙直径/mm	孔隙表面积占总表面积比重/%	孔隙体积占总体积比重/%
微微孔	$<2 \times 10^{-6}$	62.2	12.5
微孔	$2 \times 10^{-6} \sim 10^{-5}$	35.1	42.2
小孔	$10^{-5} \sim 10^{-4}$	2.5	28.1
中孔	$10^{-4} \sim 10^{-3}$	0.2	17.2
合计		100.0	100.0

表 2-4　煤的挥发分与比表面积的关系

采样地点与煤层层位	重庆鱼田堡矿			重庆松藻煤矿			江西涌山煤矿		
	四煤			八煤			二煤	四煤	六煤
	顶板炭	槽口炭	底板炭	顶板炭	槽口炭	底板炭			
挥发分/%	17.50	17.43	—	10.85	11.16	10.90	7.70	7.08	10.57
比表面积/(m²/g)	28.69	93.32	27.40	82.08	112.24	56.97	255.13	201.36	165.36

比表面积分外比表面积、内比表面积两类,理想的非孔性物料只具有外比表面积,如硅酸盐水泥、一些黏土矿物粉粒等;有孔和多孔物料具有外比表面积和内比表面积,如石棉纤维、煤岩、硅藻土等。

比表面积测试方法主要分连续流动法(即动态法)和静态法。

动态法是将待测粉体样品装在 U 形的样品管内,使含有一定比例吸附质的混合气体流过样品,根据吸附前后气体浓度变化来确定被测样品对吸附质分子(N_2)的吸附量。

静态法根据确定吸附量方法的不同分为重量法和容量法。重量法是根据吸附前后样品质量变化来确定被测样品对吸附质分子(N_2)的吸附量,该法由于分辨率低、准确度差、对设备要求很高等缺陷已很少使用;容量法是将待测粉体样品装在一定体积的一段封闭的试管状样品管内,向样品管内注入一定压力的吸附质气体,根据吸附前后的压力或质量变化来确定被测样品对吸附质分子(N_2)的吸附量。

两种方法比较而言,动态法比较适合快速比表面积测试和测试中小吸附量的小比表面积样品(对于中大吸附量样品的比表面积测试,静态法和动态法都可以测量得很准确),静态法比较适合孔径及比表面积测试。虽然静态法具有比表面积测试和孔径测试的功能,但由于样品真空处理耗时较长、吸附平衡过程较慢、易受外界环境影响等,使得静态法测试效率相对动态法的快速直读法低,对小比表面积样品测试结果稳定性也较动态法低,所以静态法在比表面积测试的效率、分辨率、稳定性方面,相对动态法并没有优势。在多点 BET 法比表面积分析方面,静态法无须液氮杯升降来吸附脱附,所以相对动态法省时。静态法相对于动态法由于氮气分压可以很容易地控制到接近 1,所以比较适合做孔径分析;而动态法由于是通过浓度变化来测试吸附量,当浓度为 1 时吸附前后将没有浓度变化,使得孔径测试受限。

动态法和静态法的目的都是确定吸附质气体的吸附量。吸附质气体的吸附量确定后,就可以由该吸附质分子的吸附量来计算待测粉体的比表面积了。

由吸附量来计算比表面积的理论很多[236-237]，如 Langmuir 吸附理论、BET 吸附理论、统计吸附层厚度法吸附理论等。其中，BET 吸附理论在比表面积计算方面在大多数情况下与实际值吻合较好，被广泛地应用于比表面积的测试，通过 BET 吸附理论计算得到的比表面积又叫 BET 比表面积。

2.3.3 煤的孔隙结构测定方法

煤的孔隙结构的测定方法主要分为 3 类[238]：

（1）物理方法，如压汞法、气体吸附脱附法、扫描电子显微镜（SEM）、高倍透射电子显微镜（HRTEM）、小角中子衍射法（SANS）、小角散射法（SAXS）、CT 成像技术（X-CT）和核磁共振技术（NMR）等。

（2）化学方法，主要包括核磁共振（NMR）、高倍透射电镜（HRTEM）以及铷离子的催化氧化反应（RICO）等方法。

（3）物理化学方法，如使用溶剂抽提等，这种方法通过研究煤在溶剂中的可溶物质，来确定煤的化学结构以及研究煤中组分对煤结构的影响。

根据国内外学者的研究可以总结得到常用的孔隙分类及对应的孔隙表征方法，如图 2-3 所示。其中，最常用的孔隙结构测定方法是压汞法和液氮吸附法。

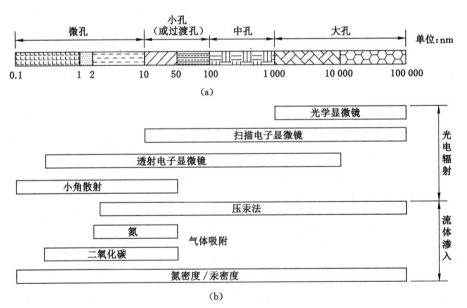

图 2-3 孔隙类型及表征方法

（a）孔隙类型；（b）孔隙表征方法

2.3.4　压汞实验测定方法

根据毛细管现象,若液体对多孔材料不浸润(即浸润角大于 90°),则表面张力将阻止液体浸入孔隙。但是,对液体施加一定压力后,即可克服这种阻力而使得液体浸入孔隙中。因此,通过测定液体充满一给定孔隙所需的压力值即可确定该孔径的大小。压汞法测定煤的孔隙结构特征就是利用不同孔径的孔隙对压入汞的阻力不同这一特性,根据压入汞的质量和压力,计算出煤中孔隙体积和孔隙半径[239]。

在半径为 r 的圆柱形毛细管中压入不浸润液体,达到平衡时,作用在液体上的接触环截面法线方向上的压力应与同一截面上张力在此面法线上的分量等值反向,即:

$$p = -\frac{2\sigma\cos\alpha}{r} \tag{2-5}$$

式中　p——将汞压入半径为 r 的孔隙所需的压力,Pa;

　　　r——孔隙半径,m;

　　　σ——汞的表面张力,N/m,实验中汞的表面张力等于 0.485 N/m;

　　　α——汞对材料的浸润角,(°),实验中汞对煤的浸润角等于 130°。

本章煤样的压汞实验在中国矿业大学资源与地球科学学院煤层气资源与成藏过程教育部重点实验室完成。实验设备采用美国 Micromeritics Instrument 公司 AutoPore Ⅳ 9500 型全自动压汞仪,如图 2-4 所示。仪器最大工作压力为 413 MPa,孔径测量范围为 3 nm 至 370 μm。所用煤样均为块状煤样,在进行压汞实验前烘干 12 h,并在膨胀仪中抽真空后进行测试。

图 2-4　AutoPore Ⅳ 9500 型全自动压汞仪

2.3.5 液氮吸附实验测定方法

通过压汞实验可以得到煤孔隙特征的基本参数和孔径分布特征，能够从整体上反映煤的孔隙性和渗透性。在压汞实验中，随着进汞压力的增大，煤样会被压缩，使得在高压时的测试数据不准确。尤其是对于低阶煤，煤的孔隙率越大，被压缩的程度就越高。因此，煤样中的微孔数据需要通过气体吸附实验来得到。

低温吸附法测定固体比表面积和孔径分布是根据气体在固体表面的吸附规律。气体分子与固体表面接触时，由于气体和固体分子之间的相互作用，气体分子会被吸附在固体表面，当气体分子能够克服固体表面的力场时即发生脱附。在某一特定压力下，当吸附速率与脱附速率相等时达到吸附平衡。在平衡状态时，一定的气体压力对应于一定的气体吸附量，随着平衡压力的变化，气体吸附量发生变化。平衡吸附量随压力变化的曲线称为吸附等温线，对吸附等温线进行研究可以获得固体中的孔隙类型、比表面积和孔径分布。

目前公认的测量固体比表面积的标准化方法是多层吸附理论，即 BET 吸附等温线方程。该理论认为，气体分子在固体表面的吸附是多层吸附，第一层上可以产生第二层吸附，第二层上又可能产生第三层吸附，各层达到各层的吸附平衡，具体的吸附方程如下：

$$V = \frac{V_m C p}{(p_0 - p)[1 + (C-1)(p/p_0)]} \qquad (2-6)$$

经过变换可以得到：

$$\frac{p}{V(p_0 - p)} = \frac{1}{CV_m} + \frac{C-1}{CV_m} \cdot \frac{p}{p_0} \qquad (2-7)$$

式中　V——气体吸附量，mL/g；

　　　V_m——单分子层吸附量，mL/g；

　　　p——吸附质压力，MPa；

　　　p_0——吸附质饱和蒸气压，MPa；

　　　C——常数。

根据实验压力和对应的吸附量，将 $p/[V(p_0 - p)]$ 对 p/p_0 做直线，可以得到直线的斜率和截距，进而求得 $V_m = 1/($斜率＋截距$)$。在液氮吸附实验中，比表面积 S_g 可以由下式求得：

$$S_g = 4.36 \cdot V_m \qquad (2-8)$$

低温液氮吸附实验在中国矿业大学化工学院完成，实验设备采用美国 Quantachrome Instruments 公司生产的 AUTOSORB-1 型全自动物理吸附仪，如图 2-5 所示。实验温度为 77 K，实验相对压力范围为 0.050～0.995，所选煤样粒径为 0.20～0.25 mm,煤样质量约为 20 g。通过实验可以得到煤样的液氮吸附-脱附曲线及其孔径分布特征参数。

图 2-5　AUTOSORB-1 型全自动物理吸附仪

2.4　典型煤的孔隙结构特征

2.4.1　煤样的选取

2.4.1.1　煤样采集地点

为了研究不同变质程度煤的孔隙结构特征,本次研究选取了 12 种不同变质程度的煤样,主要分布区域为早-中侏罗世的西北聚煤区、晚侏罗世-早白垩世的东北及内蒙古东部聚煤区以及平顶山等矿区。煤样的采集地点及煤级如表 2-5 所列。

表 2-5　煤样采集地点及煤级

煤样	取样地点	煤级	聚煤时期
1#	陕西彬长矿区大佛寺煤矿 4 煤	不黏煤(BNM)	早-中侏罗世
2#	陕西彬长矿区大佛寺煤矿 4上 煤	长焰煤(CYM)	早-中侏罗世
3#	内蒙古霍林河矿区	褐煤(HM)	晚侏罗世-早白垩世
4#	内蒙古胜利矿区	褐煤(HM)	晚侏罗世-早白垩世
5#	新疆准噶尔煤田	长焰煤(CYM)	晚石炭世-早二叠世
6#	辽宁阜新矿区	长焰煤(CYM)	晚侏罗世-早白垩世
7#	平煤集团八矿	焦煤(JM)	石炭-二叠世

表 2-5(续)

煤样	取样地点	煤级	聚煤时期
8#	平煤集团四矿	肥煤(FM)	石炭-二叠世
9#	同煤塔山煤矿	气煤(QM)	石炭-二叠世
10#	焦煤九里山煤矿	无烟(WYM)	石炭-二叠世
11#	同煤新裕煤矿	气煤(QM)	石炭-二叠世
12#	淮北煤业袁庄煤矿	气煤(QM)	石炭-二叠世

2.4.1.2 煤岩显微组分与镜质组反射率

1935 年,Stopes 提出了显微组分的概念,指在显微镜下才能识别的煤中基本有机组成单元。1975 年,国际煤岩学会(ICCP)将所有的显微组分分为 3 类:镜质组、惰质组和壳质组。煤中除了这 3 类物质以外,还含有少量矿物质组分。

镜质组的前身是泥炭和褐煤中的腐殖组,镜质组和腐殖组是经过腐殖化和凝胶化作用而形成的,镜质组的反射率随变质程度而增大的规律明显,因此,煤的镜质组反射率被用来表征煤的变质程度。煤中各显微组分含量的多少反映了煤变质程度的大小。根据《烟煤显微组分分类》(GB/T 15588—2013)和《煤的镜质体反射率显微镜测定方法》(GB/T 6948—2008)分别测定了煤样的显微组分和镜质组反射率,如表 2-6 所列。

表 2-6 煤岩显微组分及镜质组反射率测定结果

煤样	镜质组反射率/%	镜质组/%	惰质组/%	壳质组/%	矿物质/%
1#	0.73	42.67	55.68	0	1.65
2#	0.65	45.34	53.67	0	0.99
3#	0.36	90.56	1.34	5.93	2.17
4#	0.34	91.23	2.18	4.19	2.40
5#	0.58	51.56	30.48	13.95	4.01
6#	0.63	45.76	48.27	1.03	4.94
7#	1.90	82.96	9.57	6.07	1.40
8#	1.83	80.21	11.68	6.93	1.18
9#	1.36	77.10	22.13	0	0.77
10#	3.19	87.90	10.93	0	1.17
11#	1.33	73.41	24.89	0	1.70
12#	1.22	73.45	24.37	0	2.18

从表 2-6 可以看出,所选 1[#]～6[#] 煤样为低阶煤,7[#]～12[#] 煤样为中高阶烟煤或无烟煤。从显微组分的测定结果可以看出,煤样镜质组含量的变化范围为42.67%～91.23%,惰质组含量的变化范围为 1.34%～55.68%。其中,褐煤中镜质组的含量最高,达到了 90% 以上,除此之外,低阶煤的镜质组含量相对较低,一般小于惰质组的含量。而中高阶煤中镜质组含量相对较高,达到 73.41%～87.90%。无论是低阶煤还是中高阶煤,煤中壳质组的含量相对较低,有些甚至没有。煤中还含有一些矿物质成分,低阶煤中主要为碳酸盐矿物,中高阶煤中主要为黏土类矿物和硫化物。

2.4.1.3　工业分析

煤的工业分析是确定煤物质组成的基本方法,它将煤的组成分为水分、灰分、挥发分和固定碳 4 部分。煤中最高内在水分的高低在很大程度上取决于煤的内比表面积,因此,它与煤的结构以及变质程度密切相关。煤中挥发分的含量随着变质程度的增加而降低,因此,可以用来表征煤的变质程度。而固定碳则更加直接地反映了煤化过程中碳含量的变化。依据国家标准对煤样进行工业分析,所用设备为全自动工业分析仪,选取煤样粒径为 0.074～0.200 mm,每个样品测定两组数据,取平均值作为最终的测定结果,如表 2-7 所列。

表 2-7　工业分析测定结果

煤样	镜质组反射率/%	水分/%	灰分/%	挥发分/%	固定碳/%
1[#]	0.73	4.66	15.78	32.94	46.62
2[#]	0.65	5.24	16.34	30.50	47.92
3[#]	0.36	18.02	9.19	34.25	38.54
4[#]	0.34	19.13	9.67	31.34	39.86
5[#]	0.58	3.37	11.25	38.37	47.01
6[#]	0.63	6.19	6.94	28.93	57.94
7[#]	1.90	4.65	9.93	13.26	72.16
8[#]	1.83	7.24	9.01	15.28	68.47
9[#]	1.36	6.89	8.34	16.53	68.24
10[#]	3.19	3.50	2.13	6.03	88.34
11[#]	1.33	5.04	9.10	17.88	67.98
12[#]	1.22	4.14	8.79	21.64	65.43

从表 2-7 可以看出,煤样中水分含量的变化范围为 3.37％～19.13％。其中,两个褐煤煤样的水分含量明显高于其他煤样,分别达到了 18.02％ 和 19.13％,其余低阶煤煤样的水分含量变化范围为 3.37％～6.19％。而中高阶煤样的含水量为 3.50％～7.24％。

煤中灰分含量的变化范围为 2.13％～16.34％。低阶煤的灰分含量大多高于中高阶煤,但是没有明显的规律。低阶煤中除了 3#、4# 褐煤和 6# 长焰煤的灰分低于 10％外,其余均高于 10％,属于中灰煤,而中高变质程度的煤大多属于低灰煤。

煤中挥发分含量的变化范围为 6.03％～38.37％。挥发分含量和变质程度的变化规律基本保持一致,即随着变质程度的增加,挥发分的含量逐渐减小,但在低阶煤阶段,挥发分的含量基本保持在 30％以上。固定碳含量的变化规律则和挥发分相反。

2.4.2 不同变质程度煤的孔隙结构特征

煤的孔隙结构特征主要通过压汞实验和液氮吸附实验的实验曲线和孔径分布特征来描述,分别反映煤中渗流孔和吸附孔的结构特征。

2.4.2.1 压汞实验曲线及孔类型分析

根据各煤样的压汞实验数据绘制了进退汞曲线,如图 2-6 所示。

图 2-6 中 1#～6# 为低阶煤的进退汞实验曲线,7#～12# 为中高阶煤的进退汞实验曲线。从图中可以看出,不同煤样的进退汞曲线形态不同,反映了煤样中孔的开放程度不同。低阶煤的进汞和退汞曲线差值较大,在整个压力阶段都具有明显的压汞滞后环,说明低阶煤具有开放性孔隙,且从微孔到大孔都具有开放性,孔隙间的连通性较好。相比较之下,中高阶煤样的进退汞曲线差值较小,说明煤样中孔隙的开放程度较小,并且在进退汞压力大于 10 MPa 时,进退汞曲线基本重合,滞后环消失。当进汞压力为 10 MPa 时,根据式(2-5),对应的孔隙直径为 124.7 nm。因此,对于中高阶煤,孔径大于 124.7 nm 的孔隙的开放性较好,即中孔和大孔的开放程度较好,而过渡孔和微孔则属于半开放性孔隙。对于 10# 煤样,属于九里山煤矿的无烟煤,其进退汞曲线重合,说明煤中含有大量的半开放性孔隙,孔隙之间的连通性较差。

综上所述,低阶煤中含有大量的开放性孔隙,各阶段孔隙均具有开放性,孔隙之间的连通性较好,有利于煤层中煤层气的扩散和运移。而中高阶煤中含有大量的半开放性的过渡孔和微孔,使得孔隙之间的连通性较差,煤层气在煤层中的运移困难。因此,低阶煤比中高阶煤更易进行煤层气抽采。

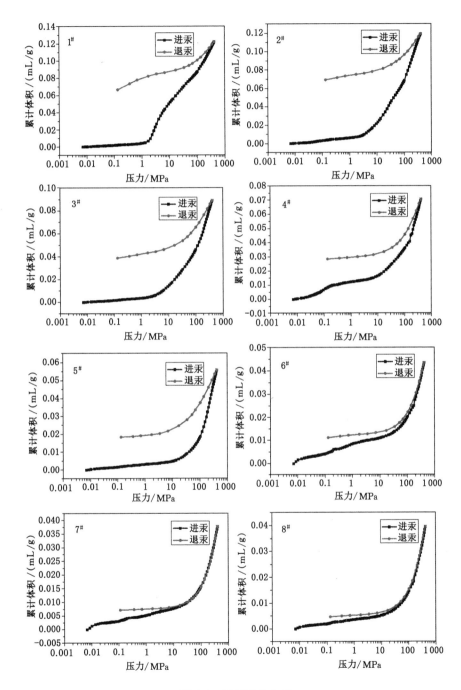

图 2-6　压汞实验曲线

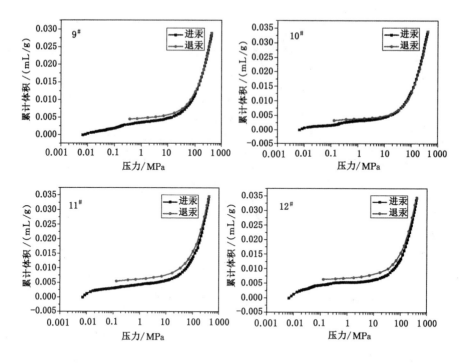

图 2-6(续)

2.4.2.2 压汞实验孔隙结构特征

利用压汞实验可以得到煤样的孔隙结构特征,孔径的测量范围为 3~175 693.1 nm。同时,还可以得到煤样孔隙结构的其他参数,如孔容、比表面积、孔隙率、渗透率等。国内外学者在这些基本参数方面做了大量的研究,但得到的规律不尽相同,充分反映了煤样孔隙结构的复杂性。本书根据压汞实验结果,分析了煤样孔隙结构的基本参数及其分布特征。煤样孔隙结构的基本特征参数如表 2-8 所列。

表 2-8　煤样孔隙结构的基本特征参数

煤样	总孔体积 /(mL/g)	比表面积 /(m²/g)	平均孔径 /nm	体积密度 /(g/mL)	骨架密度 /(g/mL)	孔隙率 /%	渗透率 /mD
1#	0.122 4	31.234	65.3	1.122 6	1.301 5	13.742 2	10.336 8
2#	0.119 4	42.317	18.1	1.126 4	1.301 4	13.448 6	8.708 0
3#	0.089 1	37.109	13.1	1.172 1	1.308 8	10.441 4	13.319 4
4#	0.070 5	29.895	13.3	1.164 3	1.268 4	8.208 8	14.393 3

表 2-8(续)

煤样	总孔体积 /(mL/g)	比表面积 /(m²/g)	平均孔径 /nm	体积密度 /(g/mL)	骨架密度 /(g/mL)	孔隙率 /%	渗透率 /mD
5#	0.055 8	30.136	10.7	1.310 3	1.413 6	7.310 4	11.547 3
6#	0.043 5	20.205	10.4	1.175 2	1.238 6	5.117 3	8.630 7
7#	0.037 7	18.972	8.8	1.265 8	1.329 2	4.766 6	2.532 9
8#	0.039 5	21.643	7.6	1.234 7	1.298 1	4.881 0	3.314 4
9#	0.028 9	14.566	8.9	1.237 3	1.283 2	3.574 2	3.564 6
10#	0.033 9	17.650	8.5	1.184 0	1.233 6	4.018 5	2.380 8
11#	0.034 6	18.166	7.8	1.228 5	1.282 7	4.244 7	4.400 6
12#	0.034 5	17.959	8.3	1.293 3	1.353 6	4.457 1	5.256 5

2.4.2.2.1　煤样孔隙结构的基本特征参数

煤样孔隙结构的基本特征参数在一定程度上反映了煤中孔隙的发育程度、渗透性和连通性。从表 2-8 可以看出,低阶煤的总孔体积为 0.043 5～0.122 4 mL/g,比表面积为 20.205～42.317 m²/g,而中高阶煤的总孔体积为 0.028 9～0.039 5 mL/g,比表面积为 14.566～21.643 m²/g,说明低阶煤的孔隙较发育,煤中广阔的孔体积和比表面积能够为煤层气的扩散和运移提供通道,更有利于煤层气的流动。而中高阶煤的孔隙发育程度较低,主要是因为随着变质程度的增加,煤中缩聚物上的侧链减少、芳香环数增加,使得煤逐渐趋于密实,煤中的孔隙减少。

从表 2-8 还可以看出,低阶煤的平均孔径较大,为 10.4～65.3 nm,而中高阶煤的平均孔径为 7.6～8.9 nm,说明低阶煤中孔径大于 10 nm 的孔隙所占的比例较大,而中高阶煤的孔隙主要由微孔组成。同时,由于低阶煤中的孔隙多为开放性孔隙,煤中孔隙的连通性较好,使得煤层气在煤层中的流动更加容易。低阶煤的孔隙率为 5.117 3%～13.742 2%,渗透率为 8.630 7～14.393 3 mD,而中高阶煤的孔隙率为 3.574 2%～4.881 0%,渗透率为 2.380 8～5.256 5 mD,这些数据也说明低阶煤的孔隙性和渗透性较好。

2.4.2.2.2　煤样的孔径分布特征

煤样具体的孔隙结构特征与煤中的孔径分布有关,按照霍多特的分类方法,压汞实验所得的各孔径段的孔容和比表面积结果如表 2-9 和表 2-10 所列。同时,绘制了孔径与孔容增量以及比表面积增量的关系,分别如图 2-7 和图 2-8 所示。

表 2-9　压汞实验所得煤样各孔径段的孔容结果

煤样	孔容/(mL/g)					孔容比/%			
	V_1	V_2	V_3	V_4	V_t	V_1/V_t	V_2/V_t	V_3/V_t	V_4/V_t
1#	0.004 7	0.049 5	0.036 8	0.031 4	0.122 4	3.84	40.44	30.07	25.65
2#	0.006 4	0.019 0	0.049 4	0.044 6	0.119 4	5.36	15.91	41.37	37.35
3#	0.003 7	0.012 5	0.033 3	0.039 6	0.089 1	4.15	14.03	37.37	44.44
4#	0.012 5	0.005 0	0.020 5	0.032 5	0.070 5	17.73	7.09	29.08	46.10
5#	0.003 3	0.002 0	0.016 0	0.034 5	0.055 8	5.91	3.58	28.67	61.83
6#	0.008 8	0.002 2	0.010 4	0.021 7	0.043 5	20.23	5.98	23.91	49.89
7#	0.005 4	0.002 6	0.009 2	0.020 5	0.037 7	14.32	6.90	24.40	54.38
8#	0.003 7	0.001 8	0.010 7	0.023 3	0.039 5	9.37	4.56	27.09	58.99
9#	0.003 7	0.001 3	0.008 1	0.015 8	0.028 9	12.80	4.50	28.03	54.67
10#	0.003 2	0.001 5	0.010 1	0.019 1	0.033 9	9.44	4.42	29.79	56.34
11#	0.004 4	0.001 5	0.009 3	0.019 4	0.034 6	12.72	4.34	26.88	56.07
12#	0.005 4	0.001 0	0.008 5	0.019 6	0.034 6	15.65	2.90	24.64	56.81

注：V_1 为大孔（$d > 1\ 000$ nm）孔容；V_2 为中孔（100 nm $< d \leqslant 1\ 000$ nm）孔容；V_3 为过渡孔（10 nm $< d \leqslant 100$ nm）孔容；V_4 为微孔（$d \leqslant 10$ nm）孔容；V_t 为总孔容。

表 2-10　压汞实验所得煤样各孔径段的比表面积结果

煤样	比表面积/(m²/g)					比表面积比/%			
	S_1	S_2	S_3	S_4	S_t	S_1/S_t	S_2/S_t	S_3/S_t	S_4/S_t
1#	0.005	0.740	5.737	24.752	31.234	0.016	2.369	18.368	79.247
2#	0.005	0.397	8.254	33.661	42.317	0.012	0.938	19.505	79.545
3#	0.003	0.259	5.694	31.153	37.109	0.008	0.698	15.344	83.950
4#	0.007	0.104	3.450	26.334	29.895	0.023	0.348	11.540	88.088
5#	0.002	0.041	3.320	26.773	30.136	0.007	0.136	11.017	88.841
6#	0.007	0.040	2.152	18.006	20.205	0.035	0.198	10.651	89.117
7#	0.003	0.041	1.893	17.035	18.972	0.016	0.216	9.978	89.790
8#	0.002	0.035	2.175	19.431	21.643	0.009	0.162	10.049	89.780
9#	0.002	0.024	1.670	12.870	14.566	0.014	0.165	11.465	88.356
10#	0.002	0.028	2.084	15.536	17.650	0.011	0.159	11.807	88.023
11#	0.002	0.027	1.889	16.248	18.166	0.011	0.149	10.399	89.442
12#	0.001	0.022	1.787	16.149	17.959	0.006	0.123	9.950	89.921

注：S_1 为大孔（$d > 1\ 000$ nm）比表面积；S_2 为中孔（100 nm $< d \leqslant 1\ 000$ nm）比表面积；S_3 为过渡孔（10 nm $< d \leqslant 100$ nm）比表面积；S_4 为微孔（$d \leqslant 10$ nm）比表面积；S_t 为总比表面积。

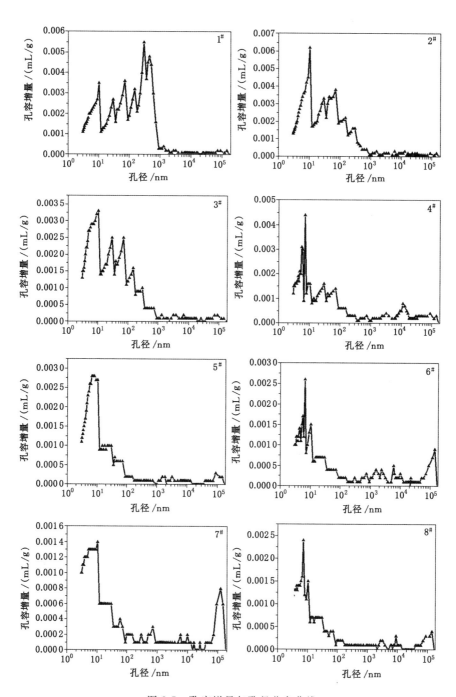

图 2-7　孔容增量与孔径分布曲线

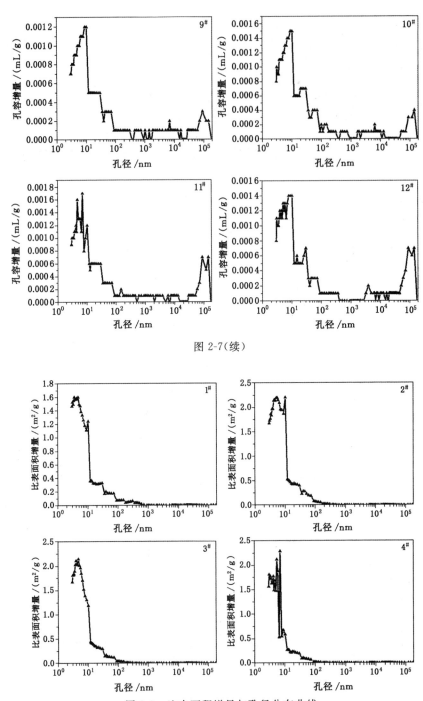

图 2-7（续）

图 2-8　比表面积增量与孔径分布曲线

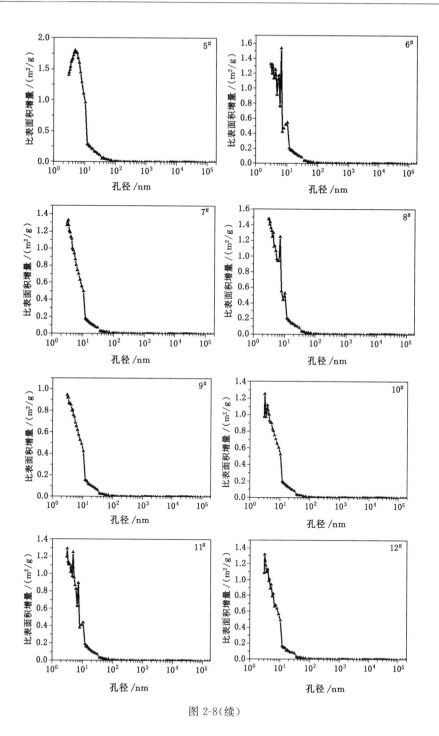

图 2-8(续)

从表 2-9 和图 2-7 可知,低阶煤的孔容中大孔所占的比例范围为 3.84% ～ 20.23%,平均为 9.54%;中孔所占比例为 3.58% ～ 40.44%,平均为 14.51%;过渡孔所占比例为 23.91% ～ 41.37%,平均为 31.75%;微孔所占比例为 25.65% ～ 61.83%,平均为 44.21%。而中高阶煤的孔容中大孔所占比例为 9.37% ～ 15.65%,平均为 12.38%;中孔所占比例为 2.90% ～ 6.90%,平均为 4.60%;过渡孔所占比例为 24.40% ～ 29.79%,平均为 26.80%;微孔所占比例为 54.38% ～ 58.99%,平均为 56.21%。由此可见,低阶煤的孔径分布范围更加广泛,各类孔径都比较发育,而中高阶煤的孔径分布相对集中在微孔阶段。例如 1# 煤样为大佛寺煤矿 4 煤煤样,孔隙类型以中孔和过渡孔为主,分别占总孔容的 40.44% 和 30.07%,两者合计占总孔容的 70.51%,微孔所占的比例为 25.65%,孔径分布相对均匀。而 10# 焦煤九里山煤矿无烟煤的孔径分布则集中在微孔阶段,占总孔容的 56.34%,过渡孔占 29.79%,而大孔和中孔仅占 9.44% 和 4.42%。煤中各阶段的孔径分布越均匀,尤其是中孔和过渡孔所占的比例越大,孔隙之间的连通性越好,越有利于煤层气在煤层中的流动,而微孔所占的比例越大,越有利于煤层气的吸附。因此,低阶煤的孔隙结构更有利于煤层气抽采,而中高阶煤的孔隙结构更有利于煤层气的吸附,因而更加难以抽采。

从表 2-10 和图 2-8 可知,低阶煤的比表面积中微孔所占的比例为 79.247% ～ 89.117%,平均为 84.800%;过渡孔所占比例为 10.651% ～ 19.505%,平均为 14.400%;大孔和中孔所占的比例很小,平均仅占 0.800%。中高阶煤的比表面积中微孔所占的比例为 88.023% ～ 89.921%,平均为 89.220%;过渡孔所占比例为 9.950% ～ 11.807%,平均为 10.610%;大孔和中孔平均仅占 0.170%。由此可见,无论是低阶煤还是中高阶煤,煤样的比表面积主要集中在微孔阶段,而比表面积的大小决定了煤样的吸附能力,因此,微孔是影响煤层气吸附的主要因素。相比较而言,低阶煤中过渡孔所占的比例更大,吸附煤层气的能力要弱于中高阶煤。

综上所述,低阶煤孔隙更加发育,其孔隙率和渗透率均显著高于中高阶煤,较大的孔体积能够为煤层气的流动和运移提供广阔的空间,煤中各类孔径分布相对均匀,尤其是中孔和过渡孔占有较大的比例,使得低阶煤孔隙间的连通性更好。而随着变质程度的增加,中高阶煤的孔隙数量逐渐减少,孔隙类型主要为微孔,不利于煤层气的抽采。

2.4.2.3 液氮吸附-脱附曲线分析

由 2.2 节可知,根据煤样的液氮吸附-脱附曲线可以判断孔隙的开放程度和形状,不同变质程度煤样的形状结构对煤层气的吸附解吸规律影响不同。煤样的液氮吸附-脱附曲线如图 2-9 所示。

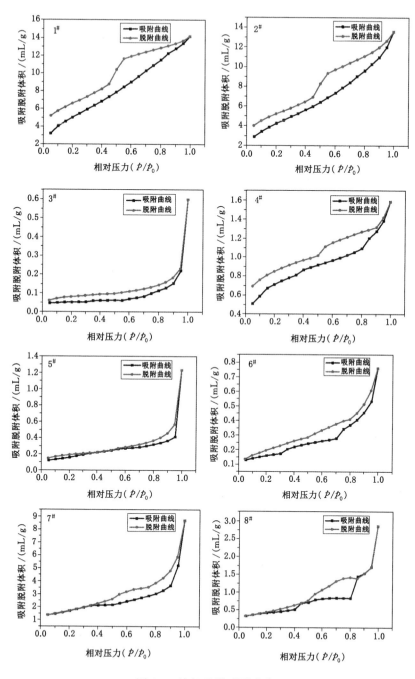

图 2-9　液氮吸附-脱附曲线

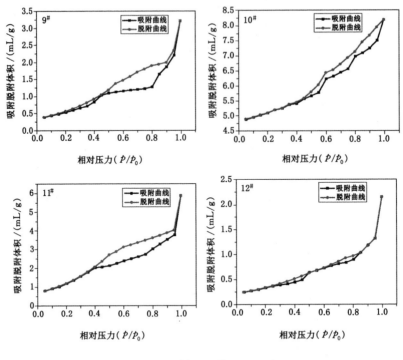

图 2-9(续)

从图 2-9 可以看出，除了 12$^{\#}$ 袁庄矿煤样外，其余煤样均出现了滞后现象，即液氮吸附曲线和脱附曲线不重合。1$^{\#}$ ~6$^{\#}$ 低阶煤煤样在整个压力段均出现滞后现象，而 7$^{\#}$ ~11$^{\#}$ 中高阶煤煤样仅在相对压力较大（$p/p_0>0.5$）时出现滞后现象。前人的研究表明，滞后现象的产生主要是因为在吸附剂表面的中孔和大孔中发生了毛细管凝聚现象。根据开尔文方程，在相对压力较小（$p/p_0\leqslant0.5$）时，毛细管凝聚现象不能发生，因此，滞后现象消失。由此可见，低阶煤煤样中大孔和中孔所占的比例较大，而中高阶煤中微孔所占的比例较大。

煤样滞后环形状的差异与煤样的孔形状密切相关。在图 2-9 中，1$^{\#}$、2$^{\#}$ 和 4$^{\#}$ 煤样的脱附曲线均在相对压力等于 0.55 左右时出现突降，说明煤样中含有大量的墨水瓶形孔，相对压力较大时，脱附速率较慢，突破瓶颈作用后，脱附速率加快，脱附曲线出现突降。3$^{\#}$、5$^{\#}$ 和 6$^{\#}$ 煤样的脱附曲线只在相对压力较大时出现突降，说明煤样中的大孔和中孔比例较大，且煤样中的孔隙类型主要为楔形孔和墨水瓶形孔。7$^{\#}$、10$^{\#}$ 和 11$^{\#}$ 煤样吸附曲线和脱附曲线较为平缓，说明煤样中含有大量的圆筒形孔，10$^{\#}$ 煤样的吸附曲线还出现了阶段式增长，说明煤样中发生了多层吸附。$8^{\#}$ 和 $9^{\#}$ 煤样在相对压力较大($p/p_0>0.5$)时出现了明显的滞后现象,而当相对压力分别大于 0.85 和 0.90 时,两煤样吸附曲线和脱附曲线重新重合,滞后现象消失,说明煤样中含有大量的狭缝形孔和平行板孔。

综上所述,低阶煤煤样中大孔和中孔所占比例较大,且含有大量的墨水瓶形孔和楔形孔,而中高阶煤样中微孔所占的比例较大,孔隙类型多为圆筒形孔和狭缝形孔。

2.4.2.4　不同变质程度煤的孔径分布特征

煤样的孔隙类型决定了吸附-脱附曲线的形状,而煤样吸附能力的大小则主要与孔结构分布特征相关。液氮等温吸附实验的孔径分布的分析方法采用非定域密度泛函理论(NLDFT),得到的主要是煤样中吸附孔的分布特征。研究煤样中吸附孔的分布特征主要是为了研究煤样对煤层气的吸附解吸能力,因此,孔径大小的分类采用杜比宁的分类标准。由于液氮吸附实验是在 77 K的低温下进行的,在这种温度下,液氮分子进入煤中微孔的速度较慢,尤其当孔径小于 0.7 nm 时,液氮分子难以进入,影响微孔的测试,而二氧化碳分子能够较容易地进入微孔中,因此,采用二氧化碳吸附实验补充测试微孔参数。液氮和二氧化碳吸附实验结果如表 2-11 和表 2-12 所列。

表 2-11　液氮吸附实验结果

煤样	总比表面积 /(m²/g)[a]	平均孔径 /nm	孔体积/($\times 10^{-3}$ mL/g)[b]			
			V_{total}	V_{mic}[c]	V_{mes}[d]	V_{mac}[e]
$1^{\#}$	14.93	14.05	15.78	0.89	8.17	6.72
$2^{\#}$	14.78	15.21	18.28	1.03	7.34	9.91
$3^{\#}$	17.73	20.54	29.85	1.54	10.14	18.17
$4^{\#}$	18.09	23.67	37.93	2.38	11.47	24.08
$5^{\#}$	16.31	16.94	21.45	0.65	9.34	11.46
$6^{\#}$	13.11	16.73	17.03	0.93	5.74	10.36
$7^{\#}$	14.46	5.75	5.92	0.38	3.96	1.58
$8^{\#}$	12.32	8.90	5.14	0.02	2.97	2.15
$9^{\#}$	11.62	10.33	2.35	0.12	1.36	0.87
$10^{\#}$	26.07	3.16	12.69	4.26	6.35	2.08
$11^{\#}$	11.58	12.68	1.89	0.04	1.14	0.71
$12^{\#}$	11.93	13.09	3.98	0.04	2.01	1.93

注:[a] 通过 BET 方法求得的总比表面积;[b] 通过 NLDFT 方法求得的孔体积;[c] 微孔($d \leqslant 2$ nm)体积;[d] 中孔(2 nm$<d\leqslant 20$ nm)体积;[e] 大孔($d>20$ nm)体积。

表 2-12 二氧化碳吸附实验结果

煤样	微孔体积/(×10⁻³ mL/g)	微孔比表面积/(m²/g)	平均孔径/nm
1#	9.93	24.11	1.04
2#	10.13	22.89	1.32
3#	11.01	24.78	1.67
4#	11.85	25.01	1.74
5#	10.73	23.49	0.98
6#	8.67	23.04	1.23
7#	9.85	27.92	0.55
8#	7.68	21.85	0.82
9#	2.96	15.21	0.84
10#	19.67	53.74	0.48
11#	2.26	13.67	0.91
12#	4.44	9.66	0.59

从表 2-11 可知,低阶煤的总比表面积为 $13.11 \sim 18.09$ m²/g,中高阶煤的总比表面积为 $11.58 \sim 26.07$ m²/g;低阶煤的平均孔径为 $14.05 \sim 23.67$ nm,中高阶煤的平均孔径为 $3.16 \sim 13.09$ nm;低阶煤的中孔体积变化范围为 $(5.74 \sim 11.47) \times 10^{-3}$ mL/g,中高阶煤的中孔体积变化范围为 $(1.14 \sim 6.35) \times 10^{-3}$ mL/g;低阶煤的大孔体积变化范围为 $(6.72 \sim 24.08) \times 10^{-3}$ mL/g,中高阶煤的大孔体积变化范围为 $(0.71 \sim 2.15) \times 10^{-3}$ mL/g;而液氮吸附实验所得的煤样的微孔体积相对较小,这主要是因为在低温条件下,液氮分子难以进入微孔,导致微孔体积的测定不准。因此,采用二氧化碳吸附实验作为补充。

从表 2-12 可知,低阶煤微孔体积的变化范围为 $(8.67 \sim 11.85) \times 10^{-3}$ mL/g,中高阶煤微孔体积的变化范围为 $(2.26 \sim 19.67) \times 10^{-3}$ mL/g;低阶煤微孔比表面积的变化范围为 $22.89 \sim 25.01$ m²/g,中高阶煤微孔比表面积的变化范围为 $9.66 \sim 53.74$ m²/g。

在研究煤样吸附孔结构的分布特征时,煤样的微孔体积采用二氧化碳吸附实验得到的数据,中孔和大孔的体积则采用液氮吸附实验所得的数据。根据实验结果绘制了不同变质程度煤样中各孔径的分布规律,如图 2-10、图 2-11 所示。

从图 2-10 可以看出,低阶煤的孔隙比较发育,各类孔体积都相对较大,尤其是大孔和中孔的体积,明显大于中高阶煤。在中等变质程度($1.0\% < R_{o,max} < 1.5\%$)的煤样中,各类孔的体积都较小,达到最低,而在变质程度较高($R_{o,max} \geqslant 1.5\%$)的中高阶煤中,微孔的体积明显增加。在低阶煤中,由于煤的变质程度较

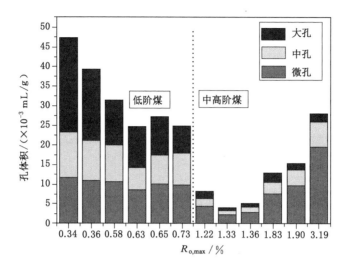

图 2-10 不同煤阶煤的孔径分布

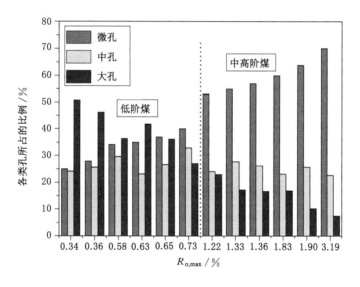

图 2-11 不同煤阶煤中各类孔所占的比例

低,煤体是一个多孔的疏松层,孔隙裂隙发育;随着变质程度的增加,煤中孔隙大量减少,低阶煤中极为发育的粒间孔减少,各类孔体积减小;当煤的变质程度增加到中高阶的烟煤和无烟煤时,煤中芳香片层的秩理性增加使得孔隙增加,微孔体积逐渐增大。图 2-11 反映了不同煤阶煤中各类孔所占的比例,可以看出,随着变质程度的增加,微孔所占的比例逐渐增加,大孔所占的比例明显减小,说明低阶煤的孔分布以大孔和中孔为主,而中高阶煤以微孔分布为主。

2.4.3　煤孔隙结构特征的影响因素

影响煤体孔隙结构特征的主要因素有[240-241]:

(1) 煤的变质程度。从长焰煤开始,随着煤化程度的加深(挥发分减小),煤的总孔隙体积逐渐减小,到焦煤、瘦煤时为最低值,而后又逐渐增加,至无烟煤时达最大值。然而,煤中微孔体积所占的比例则是随着煤化程度的增加而一直增长。

(2) 煤的破坏程度。煤的破坏程度越高,煤的渗透容积就越大,即孔隙率越大。煤的渗透容积主要由中孔和大孔组成,而煤的破坏程度对大孔和中孔影响较大,对微孔影响不大。

(3) 地应力。压性的地应力(压应力)可使渗透容积缩小,压应力越高,煤体渗透容积缩小得就越多,即孔隙率减小得越大;而张性的地应力(张应力)则可使裂隙张开,从而引起渗透容积增大,目前的研究表明:张应力越高,渗透容积增长得越多,即孔隙率增加越大。此外,卸压(地应力减小)作用可使煤岩的渗透容积增大,即孔隙率增大;增压(地应力增高)作用可使煤岩受到压缩,导致渗透容积减小,即孔隙率减小。目前的试验表明,地应力并不减小煤的吸附体积或减小得不多,因此,地应力对煤的吸附性影响很小,但对渗透性影响很大。

2.5　煤孔隙结构的分形特征

国内外研究表明,煤体是一种含有大量孔隙裂隙的分形体,其表面、孔结构和孔隙率等都具有分形特征,因此,研究煤的分形特征有助于了解煤的孔隙结构特征。目前,分形维数的计算方法主要有压汞法和气体实验法,本节主要研究利用压汞实验和液氮吸附实验计算分形维数的方法,并探讨分形维数与孔隙率以及煤结构组成之间的关系。

2.5.1　压汞法

2.5.1.1　压汞法研究煤的分形特征

在测量体积为 V 的几何对象时,可用半径为 r 的小球来填充该几何对象,所需的小球数目为:

$$N(r) = V / \left(\frac{4}{3} \pi r^3 \right) \propto r^{-3} \tag{2-9}$$

同理,当用半径为 r 的小球去测度煤的孔隙体积 V 时,则:

$$V = N \times \frac{4}{3}\pi r^3 \tag{2-10}$$

根据分形的定义,小球的半径 r 与充满整个孔隙所需的小球个数 N 存在如下的关系:

$$N = cr^{-D} \tag{2-11}$$

式中,c 为比例常数;D 为分形维数。

由式(2-10)和式(2-11)可得孔隙体积 V 和孔隙半径 r 之间的关系:

$$V = \frac{4}{3}\pi cr^{3-D} \propto r^{3-D} \tag{2-12}$$

根据压汞实验的原理,孔隙半径 r 与进汞压力 p 存在如式(2-5)所示的关系,由此可知孔隙体积 V 和进汞压力 p 之间的关系为:

$$V \propto p^{D-3} \tag{2-13}$$

对式(2-13)两边进行微分并取对数可得:

$$\lg(dV/dp) \propto (D-4)\lg p \tag{2-14}$$

由式(2-14)可知,分形维数可以根据 dV/dp 与 p 的双对数关系来确定,只要 $\lg(dV/dp)$ 与 $\lg p$ 存在直线关系,孔隙分布就具有分形特征,直线的斜率 $K=D-4$,由此可求得分形维数 $D=K+4$,根据压汞实验求得的分形维数通常被称为体积分形维数。根据压汞实验,分形维数的求解数据如表 2-13 所列(以 1# 煤样为例),煤样的数据拟合曲线如图 2-12 所示。

表 2-13 1# 煤样的压汞实验计算数据(部分)

孔径 /nm	压力 /MPa	孔容增量 /(mL/g)	$\lg p$	$\lg(dV/dp)$	孔径 /nm	压力 /MPa	孔容增量 /(mL/g)	$\lg p$	$\lg(dV/dp)$
175 916.7	0.007 1	0	-2.15		405.0	3.079 3	0.004 5	0.49	-1.90
145 416.5	0.008 5	0.000 2	-2.07	-0.86	364.8	3.417 9	0.003 7	0.53	-1.96
121 607.3	0.010 3	0.000 1	-1.99	-1.24	303.2	4.112 8	0.005 5	0.61	-2.10
12 957.6	0.096 3	0.000 1	-1.02	-2.14	18.2	68.674 6	0.001 5	1.84	-3.66
10 061.6	0.124 0	0.000 1	-0.91	-2.15	15.1	82.393 5	0.001 3	1.92	-3.72
3 251.0	0.383 6	0.000 2	-0.42	-2.51	6.0	206.754 2	0.002 2	2.32	-3.89
731.5	1.704 7	0.001 6	0.23	-2.34	3.3	378.842 0	0.001 3	2.58	-4.12
610.7	2.042 0	0.003 0	0.31	-2.05	3.1	396.081 4	0.001 2	2.60	-4.16
522.5	2.386 5	0.004 4	0.38	-1.89	3.0	413.310 0	0.001 1	2.62	-4.19

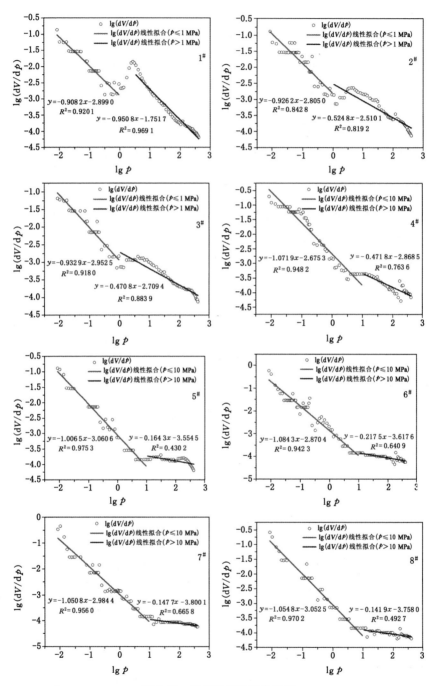

图 2-12　压汞数据的拟合曲线

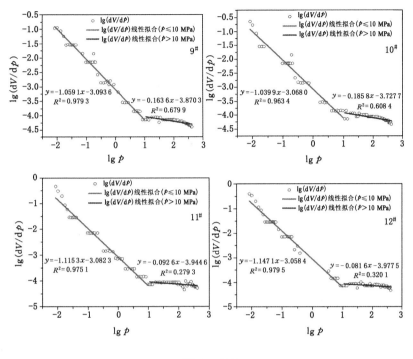

图 2-12(续)

由图 2-12 可以计算出煤样的体积分形维数如表 2-14 所列。从体积分形维数的计算结果可以看出，$1^{\#} \sim 3^{\#}$ 低阶煤以孔径 1 332 nm 为界，拟合曲线分为两段，当孔径大于 1 332 nm 时，求得的体积分形维数为 3.067 1～3.091 8；当孔径小于 1 332 nm 时，求得的体积分形维数为 3.049 2～3.529 2，拟合度均达到 0.8 以上。$4^{\#} \sim 12^{\#}$ 煤样以孔径 129.7 nm 为界，当孔径大于 129.7 nm 时，曲线的拟合度达到 0.942 3～0.979 5，求得的体积分形维数为 2.852 9～2.993 5；而当孔径小于 129.7 nm 时，曲线的拟合度较低，煤样不具有分形特征。因此，煤样的体积分形维数主要反映了大孔和中孔的分形特征。

低阶煤的体积分形维数一般为 2.915 7～3.529 2 间，平均为 3.124 8；中高阶煤的体积分形维数为 2.852 9～2.960 1，平均为 2.922 2。根据经典的分形几何理论，多孔固体的分形维数 D 应介于 2.0 和 3.0 之间，而低阶煤的体积分形维数 $D > 3$，这主要是因为低阶煤的孔隙率较大，煤体是一个多孔的疏松层，压力较大时，煤具有较大的可压缩性，导致分形维数大于 3。中高阶煤在进汞压力小于 10 MPa，即 lg $p < 1$ 时，求得的体积分形维数小于 3，说明此时煤的可压缩性对计算的影响较小；当进汞压力大于 10 MPa 时，煤样不具有分形特征。

表 2-14 煤样体积分形维数的计算结果

煤样	孔径范围/nm	斜率 K	分形维数 D	拟合度 R^2
1#	$1\,332 < d \leqslant 175\,916.7$	$-0.908\,2$	$3.091\,8$	$0.920\,1$
	$3 \leqslant d \leqslant 1\,332$	$-0.950\,8$	$3.049\,2$	$0.969\,1$
2#	$1\,332 < d \leqslant 175\,916.7$	$-0.926\,2$	$3.073\,8$	$0.842\,8$
	$3 \leqslant d \leqslant 1\,332$	$-0.524\,8$	$3.475\,2$	$0.819\,2$
3#	$1\,332 < d \leqslant 175\,916.7$	$-0.932\,9$	$3.067\,1$	$0.918\,0$
	$3 \leqslant d \leqslant 1\,332$	$-0.470\,8$	$3.529\,2$	$0.883\,9$
4#	$129.7 \leqslant d \leqslant 175\,916.7$	$-1.071\,9$	$2.928\,1$	$0.948\,2$
5#	$129.7 \leqslant d \leqslant 175\,916.7$	$-1.006\,5$	$2.993\,5$	$0.975\,3$
6#	$129.7 \leqslant d \leqslant 175\,916.7$	$-1.084\,3$	$2.915\,7$	$0.942\,3$
7#	$129.7 \leqslant d \leqslant 175\,916.7$	$-1.050\,8$	$2.949\,2$	$0.956\,0$
8#	$129.7 \leqslant d \leqslant 175\,916.7$	$-1.054\,8$	$2.945\,2$	$0.970\,2$
9#	$129.7 \leqslant d \leqslant 175\,916.7$	$-1.059\,1$	$2.940\,9$	$0.979\,3$
10#	$129.7 \leqslant d \leqslant 175\,916.7$	$-1.039\,9$	$2.960\,1$	$0.963\,4$
11#	$129.7 \leqslant d \leqslant 175\,916.7$	$-1.115\,3$	$2.884\,7$	$0.975\,1$
12#	$129.7 \leqslant d \leqslant 175\,916.7$	$-1.147\,1$	$2.852\,9$	$0.979\,5$

2.5.1.2 体积分形维数与孔隙率的关系

由上述讨论可知,体积分形维数反映了大孔和中孔的分形特征,且受煤样孔隙率的影响。根据分形理论的构造模型,可以得到体积分形维数与孔隙率的关系,常用的模型是门格海绵模型,具体过程如下:

假设有一边长为 R 的立方体作为初始元,将 R 分成 m 等份,得到 m^3 个立方体,边长为 R/m,随机去掉其中的 n 个小立方体,则剩余的立方体个数为 (m^3-n)。按照此方法迭代下去,经过 i 次构造,小立方体的边长为 $r=R/m^i$,立方体个数为 $(m^3-n)^i$,样本中剩余的体积 V_S 为:

$$V_S = (m^3-n)^i (R/m^i)^3 \tag{2-15}$$

孔隙体积 V_P 为:

$$V_P = R^3 \left[1 - (m^3-n)^i (1/m^i)^3\right] = R^3 \left[1 - \left(\frac{m^3-n}{m^3}\right)^i\right] \tag{2-16}$$

则孔隙率 φ 为:

$$\varphi = \frac{V_P}{V} = 1 - \left(\frac{m^3-n}{m^3}\right)^i \tag{2-17}$$

根据分形的定义可以得出体积分形维数 D 为:

$$D = \frac{\lg (m^3 - n)}{\lg m} \tag{2-18}$$

由式(2-17)和式(2-18)可以得到,孔隙率和体积分形维数的关系为:

$$\varphi = 1 - (m^{D-3})^i = 1 - (r/R)^{3-D} \tag{2-19}$$

从式(2-19)可以得到,当 $r=0$ 时,$\varphi=1$,说明整个空间充满孔;当 $r=R$ 或 $D=3$ 时,$\varphi=0$,意味着固体中没有孔隙;当 $r \neq 0$ 且 $r \neq R$ 时,孔隙率 φ 随着体积分形维数 D 的增大而减小。

通过以上分析可知,理论上,孔隙率随着体积分形维数的增大而减小,中高阶煤的孔隙率变化符合此规律,但低阶煤由于其较大的可压缩性,孔隙率的变化不符合此规律。

2.5.2　液氮吸附法

2.5.2.1　液氮吸附法研究煤的分形特征

通过压汞实验得到的分形维数可以反映煤中大孔的分形特征,而气体吸附实验可以用来计算煤中吸附孔的分形特征,其中最常用的是液氮吸附法。吸附孔分形维数的计算采用 Frenkel-Halsey-Hill(FHH)方程:

$$\ln V = A \left\{ \ln \left[\ln \left(\frac{p_0}{p} \right) \right] \right\} + B \tag{2-20}$$

式中,V 为在平衡压力 p 下的气体吸附量;p_0 为气体的饱和蒸汽压;p 为气体吸附的平衡压力;A 为拟合直线的斜率,与分形维数 D 呈线性关系;B 为常数。

在计算分形维数 D 时,通常有两种计算公式:$A=D-3$ 和 $A=(D-3)/3$。为了选择合适的分形维数计算公式,采用两种方法分别计算 D,根据计算结果选择合适的计算方法。

在根据液氮吸附-脱附曲线进行分形维数的计算时,采用脱附曲线数据进行计算,因为在脱附等温线的相对压力下,对应的吸附状态更稳定。液氮曲线在相对压力较小($p/p_0 \leqslant 0.5$)时,吸附曲线和脱附曲线重合,而在相对压力较大($p/p_0 > 0.5$)时,出现滞后现象,说明在不同压力阶段煤样对气体的吸附作用机制不同。在低压段,气体吸附主要发生在微孔,气体分子和煤样间的作用力主要是范德瓦尔斯力,而在高压段,气体分子的吸附主要依靠毛细管凝聚作用。因此,液氮吸附-脱附曲线在不同压力段反映了煤样的不同特性,在用液氮数据计算分形维数时,就需要分段进行,分别计算低压段和高压段的分形维数,来表征煤样的不同特性。

在计算分形维数时,低压段和高压段分别进行拟合计算,得到两个分形维数 D_1 和 D_2。分形维数的计算结果见表 2-15,拟合计算过程如图 2-13 所示。

表 2-15　分形维数的计算结果（液氮吸附法）

煤样	A_1	$D_1=3+A_1$	$D_1=3+3A_1$	拟合度 R^2	A_2	$D_2=3+A_2$	$D_2=3+3A_2$	拟合度 R^2
1#	−0.43	2.57	1.71	0.968 1	−0.04	2.96	2.88	0.806 4
2#	−0.44	2.56	1.68	0.967 3	−0.07	2.93	2.79	0.826 6
3#	−0.30	2.70	2.10	0.954 3	−0.33	2.67	2.01	0.998 7
4#	−0.26	2.74	2.22	0.980 8	−0.07	2.93	2.79	0.945 9
5#	−0.32	2.68	2.04	0.992 2	−0.30	2.70	2.10	0.998 7
6#	−0.51	2.49	1.47	0.992 1	−0.19	2.81	2.43	0.923 9
7#	−0.45	2.55	1.65	0.986 9	−0.22	2.78	2.34	0.977 4
8#	−0.59	2.41	1.23	0.987 9	−0.20	2.80	2.40	0.936 4
9#	−0.79	2.21	0.63	0.987 6	−0.17	2.83	2.49	0.951 7
10#	−0.11	2.89	2.67	0.944 5	−0.06	2.94	2.82	0.720 3
11#	−0.86	2.14	0.42	0.987 9	−0.13	2.87	2.61	0.968 3
12#	−0.65	2.35	1.05	0.986 0	−0.21	2.79	2.37	0.963 4

　　根据经典分形的概念，分形维数的值的范围一般为 2.0～3.0。由表 2-15 的计算结果可知，采用公式 $D=3+A$ 求得的数值更符合经典理论，因此，本书的计算结果采用前者。

　　从图 2-13 可以看出，两个压力段的数据拟合度都很好，说明在不同压力段的分形特征不同，分别反映了煤中吸附孔的不同特性。在低压段，吸附作用力主要是范德瓦尔斯力，吸附作用的大小与煤样的表面粗糙程度有关；在高压段，吸附主要依靠毛细管凝聚作用，吸附作用的大小与孔结构有关。因此，分形维数 D_1 代表材料的表面分形维数，而 D_2 代表材料的孔结构分形维数。

　　低阶煤表面分形维数 D_1 的变化范围为 2.49～2.74，中高阶煤表面分形维数 D_1 的变化范围为 2.14～2.89，说明低阶煤的表面粗糙程度相对较大，随着变质程度的增加，煤样的表面粗糙程度逐渐降低，当变质程度较高时，煤样表面的粗糙程度重新开始增加，煤样的表面分形维数 D_1 呈现先减小后增大的趋势。低阶煤的孔结构分形维数 D_2 的变化范围为 2.67～2.96，中高阶煤的孔结构分形维数 D_2 的变化范围为 2.78～2.94，说明低阶煤和中高阶煤的孔结构都比较复杂，尤其是中高阶煤。

2.5.2.2　分形维数的影响特征

　　从液氮吸附实验求得的分形维数反映了煤的表面和结构的复杂程度，因此，煤体的组成成分会对分形维数产生重要的影响。本节主要讨论煤中水分、灰分、和固定碳含量对分形维数的影响。

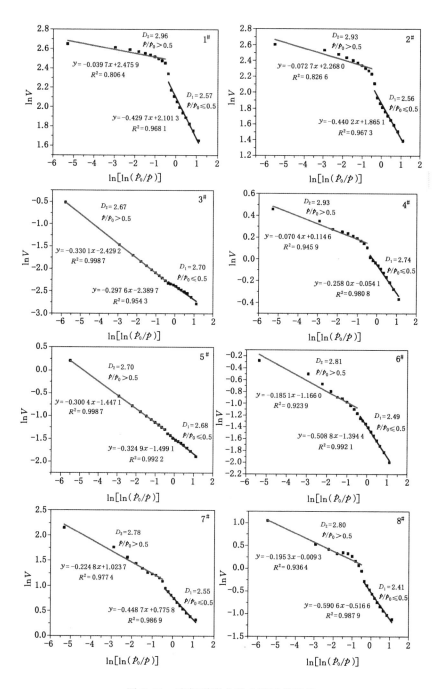

图 2-13 液氮脱附曲线分形计算结果

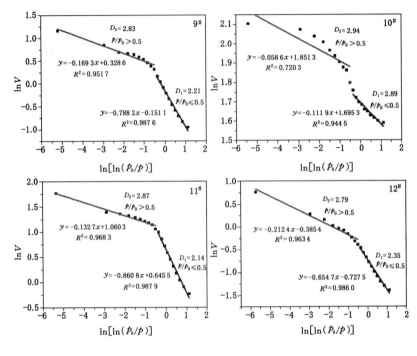

图 2-13(续)

2.5.2.2.1　水分含量对分形维数的影响

根据工业分析结果,得到煤中水分含量与分形维数的关系如图 2-14 所示。

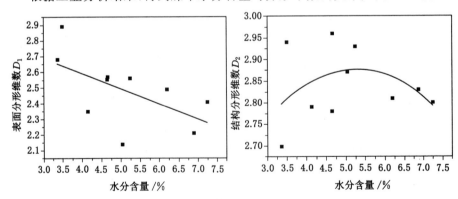

图 2-14　水分含量与分形维数的关系

图 2-14 中略去了 3# 和 4# 褐煤的水分含量,因为褐煤的水分含量显著高于其他煤样,明显偏离了变化趋势。从图中可以看出,随着水分含量的增加,表面

分形维数 D_1 逐渐减小,结构分形维数 D_2 呈现先增大后减小的趋势。这主要是因为随着煤中水分含量的增加,越来越多的水分子占据煤体表面,导致煤体表面更加均一,粗糙程度降低,表面分形维数 D_1 减小。而随着水分含量的增加,水分子的加入使得孔结构更加复杂,结构分形维数 D_2 增大,当水分含量进一步增大,超过 5% 时,孔结构的复杂程度开始降低,结构分形维数 D_2 减小。

2.5.2.2.2　灰分含量对分形维数的影响

根据工业分析结果,得到灰分含量与分形维数之间的关系如图 2-15 所示。

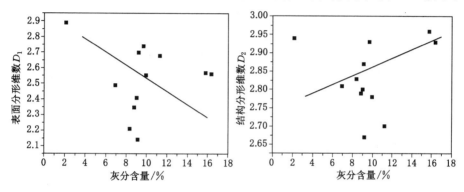

图 2-15　灰分含量与分形维数的关系

从图 2-15 可以看出,随着灰分含量的增加,表面分形维数 D_1 呈逐渐减小的趋势,而结构分形维数 D_2 呈逐渐增大的趋势。这主要是因为灰分可以填充在煤的表面和孔中,使煤体的表面趋于均一,孔结构更加复杂。

2.5.2.2.3　固定碳含量对分形维数的影响

根据工业分析结果,得到固定碳含量与分形维数之间的关系如图 2-16 所示。

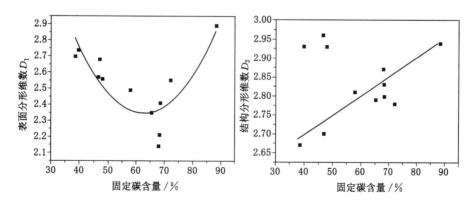

图 2-16　固定碳含量与分形维数的关系

从图 2-16 可以看出,随着固定碳含量的增加,表面分形维数 D_1 呈现先减小后增大的趋势,这主要是因为随着固定碳含量的增加,煤中孔隙逐渐减少,使得煤表面粗糙程度降低,随着固定碳含量的进一步增加,煤中微孔更加发育,表面粗糙程度逐渐增加。结构分形维数 D_2 随着固定碳含量的增加逐渐增大,因为微孔所占的比例逐渐增大,导致孔结构更加复杂。

通过上述分析可知,煤样组分中的水分、灰分和固定碳含量都会造成煤体表面和孔结构的不均一性,对分形维数产生影响。但由于本章所做煤样样本数量有限,煤体各组分对分形维数的影响规律并不明显。Yao 等人[101]做了大量关于煤体组分对分形维数影响规律的研究。本章的实验结果和前人大量的研究规律相近,证明上述煤体组分对分形维数的影响规律是可信的。因此,分形维数可以看作煤体组分复杂程度的综合体现,能够全面地反映煤体性质对煤层气吸附的影响。

2.6　本章小结

本章选取不同变质程度煤样进行对比分析,采用实验手段研究了煤的孔隙结构特征并进行了分形计算,得到以下结论:

(1) 低阶煤的镜质组含量相对较低,一般小于惰质组含量,而中高阶煤的镜质组含量较高;低阶煤中的矿物质主要为碳酸盐矿物,中高阶煤中则主要为黏土类矿物和硫化物。

(2) 低阶煤中褐煤的水分含量明显高于其他煤样;低阶煤的灰分含量一般大于 10%,属于中灰煤,而中高阶煤样一般为低灰煤;低阶煤的挥发分含量一般大于 30% 且随着变质程度的增加逐渐降低,固定碳含量的变化规律则相反。

(3) 低阶煤的孔隙更加发育,其孔隙率和渗透率显著高于中高阶煤,且其中含有大量的开放性孔隙,各阶段孔隙均具有开放性,尤其是中孔和过渡孔占有较大的比例,孔隙间的连通性较好,有利于煤层气抽采;而中高阶煤中含有大量的半开放性过渡孔和微孔,孔隙之间的连通性较差,不利于煤层气抽采。

(4) 低阶煤煤样中含有大量的墨水瓶形孔和楔形孔,而中高阶煤样中微孔所占的比例较大,孔隙类型多为圆筒形孔和狭缝形孔;随着变质程度的增加,煤样中微孔所占的比例逐渐增大,大孔所占的比例逐渐减小。

(5) 煤样的体积分形维数主要反映了煤中大孔和中孔的分形特征,低阶煤的孔隙率大,煤体可压缩性强,体积分形维数较大,甚至大于 3,中高阶煤样的体积分形维数相对较小;理论上,孔隙率随着体积分形维数的增大而减小。

(6) 煤样在不同压力段的吸附作用机制不同,低压段($p/p_0 \leqslant 0.5$)的分形维数被称为表面分形维数,高压段($p/p_0 > 0.5$)的分形维数被称为结构分形维数;表面分形维数随变质程度呈先减小后增大的趋势;煤样孔结构复杂,结构分形维数较大,尤其是中高阶煤。

（7）煤样组分中的水分、灰分和固定碳含量都会造成煤体表面和孔结构的不均一性,对分形维数产生影响;分形维数可以看作煤体组分复杂程度的综合体现。

第3章 煤表面官能团的分布特征和演化规律

3.1 引言

　　煤不仅具有复杂的孔隙结构,其化学结构同样复杂,尤其是低阶煤,其变质程度较低,煤中含有大量的含氧和侧链官能团,对煤的反应性和吸附性具有重要影响。测定固体材料表面官能团的方法有很多种,例如,核磁共振技术(NMR),能够得到固体材料表面官能团、脂肪和芳香结构、芳香度等参数;X光电子能谱技术(XPS),能够得到原子的价态、杂原子的组成以及官能团的含量;红外光谱技术(IR),能够得到芳香结构和官能团等参数,其中,傅立叶变换红外光谱技术(FTIR)被广泛用于煤结构参数的测定,该技术已经成为测定煤中大分子结构和表面官能团的最常用方法。

　　本章采用 FTIR 技术得到了不同变质程度煤的红外光谱图,利用分峰软件,计算得到了煤中各官能团的含量,并计算了煤的化学结构参数。通过对比分析,得到了不同变质程度煤表面官能团的分布特征和演化规律。

3.2 煤样的红外谱图定性分析

　　傅立叶变换红外光谱实验在中国矿业大学现代分析与计算中心完成,实验仪器采用德国 Bruker 公司生产的 VERTEX-80v 型傅立叶变换红外光谱仪,见图 3-1。实验采用 KBr 压片透射法进行,首先对煤样进行脱灰、脱矿物质处理,然后在 105 ℃下烘干 20 h。实验采用的样品压片采用高纯度的 KBr,将处理过的煤样与 KBr 按照一定比例混合后,充分研磨至 200 目,进行压片。在实验前进行空白校正,实验得到的光谱范围为 400～4 000 cm^{-1}。

　　前人通过红外光谱的研究,发现红外光谱的差异反映了煤结构的不同,并总结出了红外光谱吸收峰与煤表面官能团的对应关系[28],如表 3-1 所列。

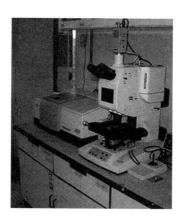

图 3-1　VERTEX-80v 型傅立叶变换红外光谱仪

表 3-1　煤的红外光谱吸收峰的归属

波数/cm^{-1}	谱峰的归属
3 300	氢键缔合的—OH、—NH,酚类
3 030	芳烃—CH
2 950	—CH$_3$
2 920~2 860	环烷烃或脂肪烃—CH$_3$
1 900	芳香烃,主要是 1,2 取代和 1,2,4 三取代羰基,C＝O
1 780	
1 700	羧基
1 610	氢键缔合的羰基—C＝O……HO—,具有—O—取代的芳烃
1 594~1 470	大部分的芳烃
1 460	—CH$_2$ 和—CH$_3$,或无机碳酸盐
1 330~1 110	酚、醇、醚、酯的—C—O—
860	1,2,4-取代芳烃;1,2,4,5-取代芳烃;1,2,3,4,5-取代芳烃
833	1,4-取代芳烃
815	1,2,4-取代芳烃;1,2,3,4-取代芳烃
750	1,2-取代芳烃
700	单取代或 1,3-取代芳烃

　　通过红外光谱实验,可以得到低阶煤和中高阶煤的红外光谱如图 3-2 和图 3-3 所示。

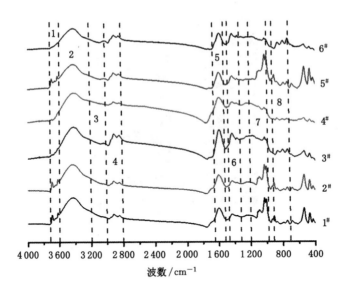

图 3-2 低阶煤的红外光谱

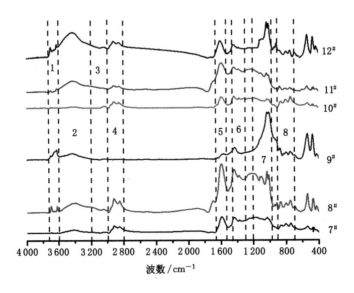

图 3-3 中高阶煤的红外光谱

从图 3-2 和图 3-3 可以看出,所有煤样红外光谱特征峰出现的位置相似,但是峰的强度差异较大。根据不同的特征峰,将谱图分为 8 个主要区域,讨论如下:

(1) 3 650～3 600 cm^{-1}：此区段主要为游离—OH 的伸缩振动，峰的强度较低且峰型比较尖锐，特征吸收峰的位置在 3 620 cm^{-1} 左右。低阶的 1$^{\#}$、2$^{\#}$、5$^{\#}$ 煤样的谱图中此区段的峰强度相对较大，而中高阶煤的谱图中此区段的峰强度相对较小，尤其是 7$^{\#}$ 焦煤和 10$^{\#}$ 无烟煤中该区段的强度接近于零，说明低阶煤中含有一定量的游离—OH 基团，而随着变质程度的增加，含量逐渐减少直至消失。

(2) 3 600～3 200 cm^{-1}：此区段主要为煤中酚羟基（Ar—OH）或氨基（—NH）的吸收带[28]，特征吸收峰在 3 420 cm^{-1} 左右，峰的强度和宽度较大，属于强吸收峰。该峰在低阶煤中的强度明显高于中高阶煤，10$^{\#}$ 无烟煤中该峰的强度非常小，说明低阶煤中的酚羟基含量相对较高，且随着变质程度的增加，酚羟基或者氨基的含量减少。

(3) 3 200～3 000 cm^{-1}：此区段主要为芳烃的伸缩振动，特征吸收峰在 3 020 cm^{-1} 左右，峰的强度不大。在中高阶煤中，该吸收峰比较明显，低阶煤中的吸收峰不明显，说明低阶煤中煤的缩合及芳环取代程度较低。

(4) 3 000～2 800 cm^{-1}：此区段主要为脂肪烃的伸缩振动，这一吸收带存在两个特征吸收峰 2 920 cm^{-1} 和 2 850 cm^{-1}，分别代表烷烃—C—H 的不对称和对称伸缩振动。在低阶煤中，该区域的吸收峰强度较大，说明煤中脂肪烃的含量较高；中高阶煤中 7$^{\#}$ 焦煤和 8$^{\#}$ 肥煤的吸收峰强度较明显，9$^{\#}$ 气煤的吸收峰强度较小，说明中高阶煤中脂肪烃的含量有所下降。

(5) 1 600 cm^{-1} 附近：此区段主要为芳烃和多环芳香层的 C＝C 骨架振动和伸缩振动，峰的强度较大但峰型较窄，此峰型强度的大小反映了煤的芳构化程度。各煤样在该区域内的峰强度均较大，具体芳构化程度的大小需要进行定量计算。

(6) 1 450～1 350 cm^{-1}：此区段主要为烷烃的不对称和对称变形振动，特征吸收峰在 1 440 cm^{-1} 和 1 370 cm^{-1}。低阶煤中该区域的峰的强度较大，随着变质程度的增加，峰的强度逐渐减小。

(7) 1 200～1 000 cm^{-1}：此区段主要为 C—O 的伸缩振动，该区域的特征吸收峰较复杂，主要有酚、醇、醚、酯的 C—O 键，具体的变化规律还需要进一步定量分析。

(8) 900～700 cm^{-1}：此区段主要为多种取代芳烃的面外弯曲振动，该区域的特征吸收峰为 870 cm^{-1}、815 cm^{-1} 和 750 cm^{-1}，分别反映不同位置的取代芳烃。低阶煤中该区域的峰强度相对较低，说明低阶煤中芳烃含量相对较低。

3.3 煤表面官能团的定量分析

煤的化学结构复杂,官能团的种类繁多,且每种官能团对红外光谱都有贡献,因此,不同官能团或相似官能团的红外光谱吸收峰容易发生叠加,难以直接确定某一官能团的吸收峰强度,需要借助软件对谱图进行分峰和拟合,从而分离得到各官能团吸收峰的强度,研究不同官能团的演化规律及其对煤反应性的影响。

本书借助 OMNIC 软件进行红外光谱的分峰拟合,针对红外光谱的特征,分别对以下波数范围内的谱图进行分峰拟合:3 650～3 000 cm^{-1}、3 000～2 700 cm^{-1}、1 800～1 000 cm^{-1}和900～700 cm^{-1},分别对应煤中羟基、脂肪烃、含氧官能团和芳香结构的变化规律。在定量分析之前,首先对煤样进行了元素分析,结果见表 3-2。

表 3-2　煤样的元素分析实验结果

煤样	$R_{o,max}/\%$	$\omega_C/\%$	$\omega_H/\%$	$\omega_N/\%$	$\omega_S/\%$	$\omega_O/\%$	n_O/n_C	n_H/n_C
1$^{\#}$	0.73	70.15	3.68	0.37	0.55	25.25	0.27	0.63
2$^{\#}$	0.65	68.17	3.92	0.86	0.69	26.36	0.29	0.69
3$^{\#}$	0.36	60.18	5.62	1.26	0.84	32.10	0.40	1.12
4$^{\#}$	0.34	59.85	4.89	2.36	1.78	31.12	0.39	0.98
5$^{\#}$	0.58	63.29	4.75	5.18	9.06	17.72	0.21	0.90
6$^{\#}$	0.63	66.76	4.90	4.17	7.26	16.91	0.19	0.88
7$^{\#}$	1.90	85.17	3.48	0.98	1.29	9.08	0.08	0.49
8$^{\#}$	1.83	83.94	4.62	0.75	1.74	8.95	0.08	0.66
9$^{\#}$	1.36	79.21	3.76	1.68	3.73	11.62	0.11	0.57
10$^{\#}$	3.19	90.93	1.29	0.47	1.25	6.06	0.05	0.17
11$^{\#}$	1.33	74.18	3.65	1.04	1.35	19.78	0.20	0.59
12$^{\#}$	1.22	73.19	3.90	3.78	5.47	13.66	0.14	0.64

3.3.1　煤中羟基含量的定量分析

煤中的羟基是影响煤的反应性和变质程度的一个重要官能团,根据前人的研究结果,羟基的吸收峰主要在 3 650～3 000 cm^{-1},且主要有 4 种类型,根据波数从大到小依次为:自由羟基、分子间缔合的氢键、酚羟基和醇羟基。低阶煤以

1#煤样为例,中高阶煤以 7# 煤样为例,分峰拟合的谱图分别如图 3-4、图 3-5 所示,拟合结果见表 3-3、表 3-4。

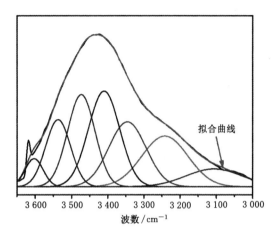

拟合曲线

图 3-4　1#煤样羟基基团分峰拟合图

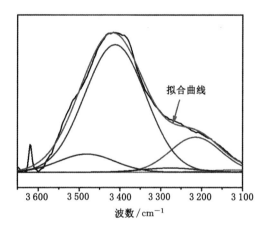

拟合曲线

图 3-5　7#煤样羟基基团分峰拟合图

表 3-3　1#煤样羟基基团分峰拟合结果

编号	位置/cm^{-1}	半峰宽/cm^{-1}	高度	峰面积	归属	峰型
1	3 603	58.4	0.013 3	0.828 0	自由羟基	高斯
2	3 537	79.9	0.031 9	2.708 2	分子间缔合的氢键	高斯
3	3 474	89.3	0.043 7	4.142 6	分子间缔合的氢键	高斯

表 3-3(续)

编号	位置/cm^{-1}	半峰宽/cm^{-1}	高度	峰面积	归属	峰型
4	3 411	102.3	0.045 4	4.939 3	酚羟基	高斯
5	3 346	121.2	0.030 8	3.974 1	醇羟基	高斯
6	3 242	149.8	0.024 1	3.840 1	醇羟基	高斯

表 3-4 7$^{\#}$煤样羟基基团分峰拟合结果

编号	位置/cm^{-1}	半峰宽/cm^{-1}	高度	峰面积	归属	峰型
1	3 482	161.2	0.001 3	0.215 8	分子间缔合的氢键	高斯
2	3 412	176.5	0.008 9	1.665 4	酚羟基	高斯
3	3 276	162.0	0.000 3	0.049 6	醇羟基	高斯
4	3 215	145.1	0.002 4	0.376 5	醇羟基	高斯
5	3 114	165.6	0.000 2	0.027 7	醇羟基	高斯

按照上述方法,可以得到所有煤样的分峰拟合结果如表 3-5 所列。

表 3-5 煤样羟基基团分峰拟合结果

煤样	$R_{o,max}$/%	峰面积				
		自由羟基	氢键	酚羟基	醇羟基	总计
1$^{\#}$	0.73	0.828 0	6.850 8	4.939 3	7.814 2	20.432 3
2$^{\#}$	0.65	0.351 6	3.783 6	6.341 7	5.384 9	15.861 8
3$^{\#}$	0.36	1.983 2	5.298 1	10.821 6	8.296 5	26.399 4
4$^{\#}$	0.34	1.021 9	6.781 9	8.314 9	5.761 3	21.880 0
5$^{\#}$	0.58	0.412 9	3.189 3	5.483 2	4.923 8	14.009 2
6$^{\#}$	0.63	—	1.914 3	4.892 8	4.031 9	10.839 0
7$^{\#}$	1.90	—	0.215 8	1.665 4	0.453 8	2.335 0
8$^{\#}$	1.83	—	0.452 9	1.021 9	1.892 7	3.367 5
9$^{\#}$	1.36	—	0.891 7	1.751 8	1.672 9	4.316 4
10$^{\#}$	3.19	—	0.198 2	0.139 8	0.262 8	0.600 8
11$^{\#}$	1.33	0.047 8	1.981 4	6.138 7	4.782 9	12.950 8
12$^{\#}$	1.22	—	1.092 3	2.461 9	2.853 9	6.408 1

从羟基的分峰计算结果可知,随着变质程度的增加,煤中羟基的含量逐渐减少,低阶煤中的羟基含量明显高于中高阶煤。低阶煤中的羟基类型主要为氢键、酚羟基和醇羟基,同时含有少量的自由羟基;中高阶煤中的羟基类型主要为酚羟基和醇羟基,自由羟基消失,在无烟煤中,羟基的含量非常少,基本消失。煤中羟

基含量的多少直接影响煤的反应性,低阶煤中的羟基使其具有较强的吸水性,因此,低阶煤中的水分含量也较高。

3.3.2　煤中脂肪烃含量的定量分析

煤中脂肪烃的含量主要体现在 3 000～2 700 cm⁻¹ 波数范围内,此区域因煤样变质程度的变化而变化。脂肪烃含量的定量计算能够为研究煤的化学结构提供一个重要参数:芳氢与脂氢的比例,$\omega_{H_{ar}}/\omega_{H_{al}}$。该参数不仅能反映煤的变质程度的大小,同时还能反映煤大分子结构的主体骨架。1# 和 7# 煤样在该区域的分峰拟合图分别如图 3-6 和图 3-7 所示,拟合结果见表 3-6 和表 3-7。

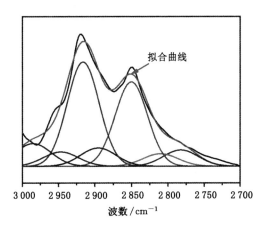

图 3-6　1# 煤样脂肪烃的分峰拟合图

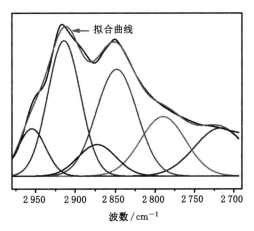

图 3-7　7# 煤样脂肪烃的分峰拟合图

表3-6　1[#]煤样脂肪烃的分峰拟合结果

编号	位置/cm^{-1}	半峰宽/cm^{-1}	高度	峰面积	归属	峰型
1	2 985	58.4	0.030	1.168 1	反对称 RCH$_3$	高斯
2	2 947	56.9	0.019	0.718 0	反对称 RCH$_3$	高斯
3	2 916	51.7	0.138	4.754 5	反对称 R$_2$CH$_2$	高斯
4	2 895	56.9	0.024	0.914 0	R$_3$CH	高斯
5	2 850	52.1	0.111	3.865 6	对称 R$_2$CH$_2$	高斯

表3-7　7[#]煤样脂肪烃的分峰拟合结果

编号	位置/cm^{-1}	半峰宽/cm^{-1}	高度	峰面积	归属	峰型
1	2 955	41.2	0.008 1	0.869 8	反对称 RCH$_3$	高斯
2	2 914	48.5	0.023 1	2.927 5	反对称 R$_2$CH$_2$	高斯
3	2 873	55.5	0.005 4	0.781 3	对称 R$_2$CH$_3$	高斯
4	2 848	59.8	0.018 2	2.847 4	对称 R$_2$CH$_2$	高斯

从拟合计算结果可知,该区域在 2 920 cm^{-1} 和 2 850 cm^{-1} 附近出现强吸收峰,分别代表亚甲基的反对称和对称伸缩振动。低阶煤在该区域的吸收峰强度明显高于中高阶煤,随着变质程度的增加,煤中脂肪烃的含量明显减少,其中,亚甲基和次甲基比甲基的减少速度更快。

3.3.3　煤中含氧官能团的定量分析

煤中的含氧官能团主要包括四类:羧基、羰基、羟基和醚键。在前面的讨论中已经对羟基进行了定量分析,其余三类含氧官能团主要分布在 1 800～1 000 cm^{-1} 范围内,煤样在 1 700 cm^{-1} 处出现较弱的肩峰,说明煤中羧基的含量相对较低。通过软件将该区域分为 16～19 个峰,1[#] 和 7[#] 煤样的分峰拟合图分别如图 3-8 和图 3-9 所示。

从图 3-8 中可以看出,低阶煤在波数为 1 700 cm^{-1} 附近出现弱的肩峰,说明低阶煤中存在羧酸类基团;在 1 600 cm^{-1} 处的峰较宽,但是强度较小;而在 1 300～1 000 cm^{-1} 区域范围内的峰强度较大,说明低阶煤中含氧官能团的含量较大。在中高阶煤中,1 700 cm^{-1} 处没有出现肩峰,说明煤中不含有羧酸类基团;在 1 600 cm^{-1} 处的峰较窄且强度较大,说明其中 C＝C 的作用强烈;在 1 300～1 000 cm^{-1} 区域范围内的峰强度较大,说明煤中含有大量含氧官能团,但含量小于低阶煤。

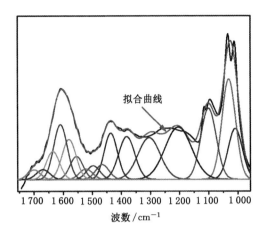

图 3-8　$1^{\#}$ 煤样 $1\,800\sim1\,000\ \text{cm}^{-1}$ 范围内的分峰拟合图

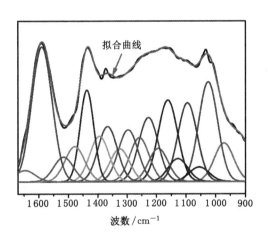

图 3-9　$7^{\#}$ 煤样 $1\,800\sim1\,000\ \text{cm}^{-1}$ 范围内的分峰拟合图

根据拟合计算结果,可以得到 $1^{\#}$ 和 $7^{\#}$ 煤样在 $1\,800\sim1\,000\ \text{cm}^{-1}$ 范围内的峰分布及其对应的官能团,分别如表 3-8 和表 3-9 所列。

表 3-8　$1^{\#}$ 煤样在 $1\,800\sim1\,000\ \text{cm}^{-1}$ 范围内的分峰拟合结果

编号	位置/cm^{-1}	半峰宽/cm^{-1}	高度	峰面积	归属	峰型
1	1 699	49.6	0.006 1	0.322 7	羧基—COOH	高斯
2	1 669	53.5	0.006 2	0.355 6	共轭 C═O 的伸缩振动	高斯
3	1 636	52.9	0.017 6	0.992 0	共轭 C═O 的伸缩振动	高斯

表 3-8(续)

编号	位置/cm^{-1}	半峰宽/cm^{-1}	高度	峰面积	归属	峰型
4	1 610	54.2	0.034 3	1.980 1	芳香烃的 C=C 振动	高斯
5	1 581	56.1	0.025 1	1.498 2	芳香烃的 C=C 振动	高斯
6	1 555	53.2	0.014 5	0.818 4	芳香烃的 C=C 振动	高斯
7	1 522	54.0	0.006 6	0.378 1	芳香烃的 C=C 振动	高斯
8	1 498	53.9	0.008 6	0.494 5	芳香烃的 C=C 振动	高斯
9	1 466	54.5	0.009 3	0.540 3	—CH$_3$、—CH$_2$ 的变形振动	高斯
10	1 436	53.5	0.029 0	1.649 0	芳香烃的 C=C 振动	高斯
11	1 382	64.6	0.026 8	1.844 5	CH$_3$—Ar,R 的变形振动	高斯
12	1 304	89.7	0.026 1	2.492 5	芳基醚中的 C—O 振动	高斯
13	1 204	106.8	0.032 7	3.721 2	羟基苯、醚的 C—O 振动	高斯
14	1 100	61.3	0.044 6	2.909 1	仲醇、醚的 C—O 振动	高斯
15	1 031	54.8	0.062 8	3.668 6	烷基醚	高斯
16	1 009	56.9	0.031 7	1.920 5	Ar—O—C 中 C—O—C 伸缩振动	高斯

表 3-9 7$^{\#}$煤样在 1 800～1 000 cm^{-1}范围内的分峰拟合结果

编号	位置/cm^{-1}	半峰宽/cm^{-1}	高度	峰面积	归属	峰型
1	1 646	79.2	0.004 6	0.388 0	共轭 C=O 的伸缩振动	高斯
2	1 589	80.1	0.054 7	4.660 6	芳香烃的 C=C 振动	高斯
3	1 517	77.1	0.010 0	0.820 6	芳香烃的 C=C 振动	高斯
4	1 478	78.7	0.014 2	1.192 8	—CH$_3$、—CH$_2$ 的变形振动	高斯
5	1 437	55.1	0.037 1	2.174 3	芳香烃的 C=C 振动	高斯
6	1 395	77.1	0.018 4	1.508 5	CH$_3$—Ar,R 的变形振动	高斯
7	1 367	76.7	0.022 4	1.827 5	CH$_3$—Ar,R 的变形振动	高斯
8	1 325	77.0	0.013 3	1.092 7	CH$_2$—C=O 的变形振动	高斯
9	1 297	78.0	0.021 0	1.743 2	芳基醚中的 C—O 振动	高斯
10	1 258	76.7	0.017 8	1.452 0	芳基醚中的 C—O 振动	高斯
11	1 227	78.3	0.026 0	2.162 9	苯氧基醚中的 C—O 振动	高斯
12	1 194	77.4	0.013 4	1.104 6	羟基苯、醚的 C—O 振动	高斯
13	1 161	77.4	0.033 0	2.720 1	羟基苯、醚的 C—O 振动	高斯
14	1 127	77.9	0.009 3	0.770 8	叔醇、醚的 C—O 振动	高斯
15	1 095	75.9	0.031 9	2.575 2	仲醇、醚的 C—O 振动	高斯
16	1 055	77.9	0.005 9	0.487 8	烷基醚	高斯
17	1 025	75.0	0.040 4	3.222 3	Ar—O—C 中 C—O—C 伸缩振动	高斯

从表 3-8 和表 3-9 中可以看出，低阶煤中芳香烃 C＝C 振动吸收峰的分布比较分散，单个吸收峰的强度较小，而中高阶煤中芳香烃 C＝C 振动吸收峰分布集中在 1 600 cm^{-1} 左右，且吸收峰的强度较大，说明随着变质程度的增加，煤的芳构化程度增强。从煤中含氧官能团的分布情况看，低阶煤中含有一定量的羧基，中高阶煤中则没有。低阶煤中多为烷基醚、醇、醚的 C—O 振动，煤中脂肪链的含量较多，而中高阶煤中，烷基醚、醇的 C—O 振动逐渐减少，多为芳基醚和苯氧基醚的 C—O 振动，说明随着变质程度的增加，低阶煤中的烷基醚逐渐断裂，与芳环缩合形成芳基醚，因此，醚键是芳环缩合的重要节点。而随着变质程度的增加，煤中 C—O 官能团的含量呈现小幅增大的趋势，主要是因为低阶煤中的羟基含量显著减少，部分氧原子与碳原子形成 C—O 官能团，当煤样变质程度进一步增大时，含氧官能团的含量减少。

3.3.4　煤的芳香结构的定量分析

煤中的芳香结构主要表现在高波数段—CH 的伸缩振动、中波数段 C＝C 的面内变形振动和低波数段—CH 的面外变形振动。在低波数段的峰值强度反映了煤中芳香结构的含量，不同的峰位置反映了不同的苯环取代位，具体的分峰拟合如图 3-10、图 3-11 所示。

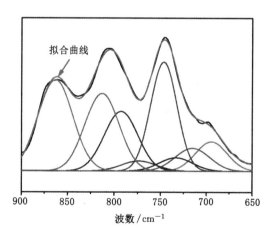

图 3-10　1$^{\#}$ 煤样 900～700 cm^{-1} 范围内的分峰拟合图

从图中可以看出，无论是低阶煤还是中高阶煤都在 870 cm^{-1}、815 cm^{-1} 和750 cm^{-1} 处出现较强的特征吸收峰，分别代表了 H 在苯环上的不同取代位。苯环上邻近 H 取代的数目反映了煤变质过程中的芳香取代和缩聚程度。具体各官能团的吸收峰位置和强度见表 3-10 和表 3-11。

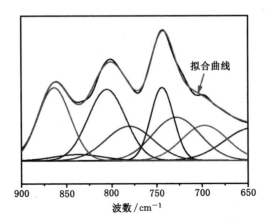

图 3-11 7[#]煤样 900～700 cm^{-1} 范围内的分峰拟合图

表 3-10 1[#]煤样在 900～700 cm^{-1} 范围内的分峰拟合结果

编号	位置/cm^{-1}	半峰宽/cm^{-1}	高度	峰面积	归属	峰型
1	883	45.4	0.000 1	0.004 5	苯环五取代(1H)	高斯
2	863	44.3	0.014 4	0.679 8	苯环五取代(1H)	高斯
3	833	43.5	0.000 4	0.019 2	间位苯环四取代(2H)	高斯
4	813	42.8	0.012 3	0.558 7	间位苯环四取代(2H)	高斯
5	793	42.1	0.009 4	0.422 6	邻位三取代(3H)	高斯
6	774	43.8	0.001 6	0.074 8	邻位二取代(4H)	高斯
7	747	33.8	0.017 3	0.620 9	邻位二取代(4H)	高斯
8	733	42.9	0.002 1	0.097 1	邻位二取代(4H)	高斯
9	715	44.4	0.003 6	0.171 4	单取代(5H)	高斯
10	695	40.9	0.004 7	0.202 5	单取代(5H)	高斯

表 3-11 7[#]煤样在 900～700 cm^{-1} 范围内的分峰拟合结果

编号	位置/cm^{-1}	半峰宽/cm^{-1}	高度	峰面积	归属	峰型
1	864	42.3	0.021 3	0.959 0	苯环五取代(1H)	高斯
2	837	63.4	0.001 8	0.121 6	间位苯环四取代(2H)	高斯
3	805	48.9	0.020 8	1.082 2	间位苯环四取代(2H)	高斯
4	781	62.0	0.010 0	0.659 7	邻位三取代(3H)	高斯
5	744	29.8	0.021 3	0.677 0	邻位二取代(4H)	高斯
6	728	61.3	0.012 6	0.823 2	邻位二取代(4H)	高斯
7	697	58.7	0.010 2	0.635 9	单取代(5H)	高斯

从计算结果可知,$1^\#$ 煤样在该区域内的面积强度为 2.851 5,$7^\#$ 煤样在该区域内的面积强度为 4.958 6,其他煤样的计算结果也表明低阶煤在 $900\sim700\ \mathrm{cm}^{-1}$ 区域内的峰强度明显小于中高阶煤,说明低阶煤的芳构化程度较低。

3.4 煤的表面结构参数及官能团的演化规律

通过上述的定量分析,可以计算得到煤样的结构参数用以反映煤的变质程度和煤中各类官能团的演化规律。主要的结构参数如下。

(1) 芳香度 f_a,计算公式如下:

$$f_a = 1 - \frac{n_{C_{al}}}{n_C} \tag{3-1}$$

$$\frac{n_{C_{al}}}{n_C} = \left(\frac{n_{H_{al}}}{n_H} \times \frac{n_H}{n_C} \right) / \frac{n_{H_{al}}}{n_{C_{al}}} \tag{3-2}$$

式中 $\dfrac{n_{C_{al}}}{n_C}$——脂肪碳占总碳的相对分数;

$\dfrac{n_{H_{al}}}{n_H}$——脂肪氢占总氢的相对分数;

$\dfrac{n_H}{n_C}$——氢、碳原子个数比,从元素分析中得到,见表 3-2;

$\dfrac{n_{H_{al}}}{n_{C_{al}}}$——脂肪结构中氢原子和碳原子的个数比,根据以往研究结果取 1.8。

根据红外光谱实验结果:

$$\frac{n_{H_{al}}}{n_H} = \frac{I(3\ 000 \sim 2\ 700\ \mathrm{cm}^{-1})}{I(3\ 000 \sim 2\ 700\ \mathrm{cm}^{-1}) + I(900 \sim 700\ \mathrm{cm}^{-1})} \tag{3-3}$$

以 $1^\#$ 煤样为例,计算结果如下:

$$\frac{n_{H_{al}}}{n_H} = \frac{11.420\ 4}{11.420\ 4 + 2.851\ 5} = 0.80$$

$$\frac{n_{C_{al}}}{n_C} = \frac{0.8 \times 0.63}{1.8} = 0.28$$

$$f_a = 1 - \frac{n_{C_{al}}}{n_C} = 1 - 0.28 = 0.72$$

由此可以得到所有煤样的芳香度,其随变质程度的变化规律如图 3-12 所示。

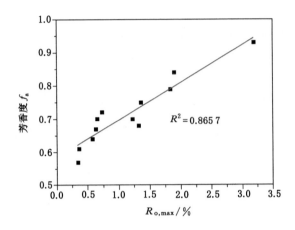

图 3-12　芳香度与变质程度的关系

从计算结果可知,低阶煤的芳香度变化范围为 0.57～0.72,中高阶煤的芳香度变化范围为 0.68～0.93,可见低阶煤的芳香度明显低于中高阶煤。芳香度的值越小,说明煤中脂肪碳的相对含量越高,煤中脂肪类官能团的数量就越多。从图 3-12 可以看出,随着变质程度的增加,煤的芳香度逐渐增大,芳香度数值的大小反映了煤变质程度的高低。

(2) 脂肪支链的长度:

$$\frac{l_{CH_3}}{l_{CH_2}} = I(2\,950\ cm^{-1})/I(2\,920\ cm^{-1}) \tag{3-4}$$

煤中甲基与亚甲基含量的比值可以作为判断脂肪支链长度的参数,数值越大,脂肪支链的长度越长,煤中脂肪结构所占的比例就越大。该参数的计算结果如表 3-12 所列,其随着变质程度的变化如图 3-13 所示。

表 3-12　各煤样的结构参数

煤样	$R_{o,max}$ /%	芳香度 f_a	$\dfrac{l_{CH_3}}{l_{CH_2}}$ $[I(2\,950\ cm^{-1})/$ $I(2\,920\ cm^{-1})]$	$\dfrac{l_{C=O}}{l_{C-O}}$ $[I(1\,780\sim1\,660\ cm^{-1})/$ $I(1\,260\sim1\,040\ cm^{-1})]$
1#	0.73	0.72	0.40	0.11
2#	0.65	0.70	0.39	0.35
3#	0.36	0.61	0.43	0.47
4#	0.34	0.57	0.52	0.53
5#	0.58	0.64	0.45	0.44

表 3-12(续)

煤样	$R_{\mathrm{o,max}}$ /%	芳香度 f_{a}	$\dfrac{l_{\mathrm{CH_3}}}{l_{\mathrm{CH_2}}}$ [$I(2\,950\ \mathrm{cm^{-1}})/I(2\,920\ \mathrm{cm^{-1}})$]	$\dfrac{l_{\mathrm{C=O}}}{l_{\mathrm{C-O}}}$ [$I(1\,780\sim1\,660\ \mathrm{cm^{-1}})/I(1\,260\sim1\,040\ \mathrm{cm^{-1}})$]
6#	0.63	0.67	0.42	0.33
7#	1.90	0.84	0.29	0.02
8#	1.83	0.79	0.31	0.13
9#	1.36	0.75	0.27	0.08
10#	3.19	0.93	0.08	—
11#	1.33	0.68	0.22	0.16
12#	1.22	0.70	0.25	0.22

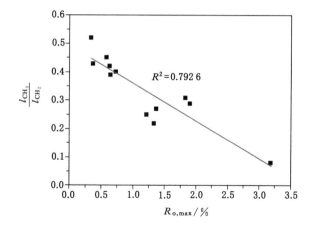

图 3-13　脂肪支链长度与变质程度的关系

从图 3-13 可以看出,随着变质程度的增加,煤中脂肪支链的长度逐渐减小,说明在煤化作用过程中,脂肪支链逐渐断裂、缩聚成芳环等大分子结构,使煤的芳香度增加。

(3)不同类型含氧官能团的演化规律:

$$\frac{l_{\mathrm{C=O}}}{l_{\mathrm{C-O}}}=I(1\,780\sim1\,660\ \mathrm{cm^{-1}})/I(1\,260\sim1\,040\ \mathrm{cm^{-1}}) \tag{3-5}$$

煤中的含氧官能团的种类较多,随着变质程度的增加,煤中的含氧官能团发生变化,其演化规律性可以用红外光谱中两个谱图区间的强度比值来表征。该参数的计算结果见表 3-12,其变化规律与变质程度的关系如图 3-14 所示。

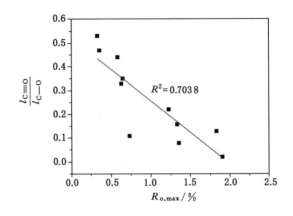

图 3-14　含氧官能团随变质程度的变化规律

从图 3-14 可知,随着变质程度的增加,$\dfrac{l_{C=O}}{l_{C-O}}$的数值逐渐减小,主要是因为,低阶煤中的 C=O 官能团含量相对较高,且煤中的—OH 含量较高,随着变质程度的增加,煤中的 C=O 官能团含量逐渐减少,而 C—O 官能团的含量逐渐增加。因此,在变质作用过程中,煤中的—OH 部分转化为 C—O 官能团,随着变质程度的进一步增大,C—O 官能团发生断裂、去氧,缩聚成芳环结构。

综合以上定量分析和参数计算,可以得到煤表面官能团的分布和演化规律:低阶煤中含有大量的—OH,使其具有良好的吸水性,其中主要的羟基类型为酚羟基和醇羟基,同时含有少量的自由羟基,随着变质程度的增加,在中高阶煤样中,自由羟基消失,酚羟基和醇羟基的比重增加;低阶煤中含有大量的脂肪结构,脂肪支链的长度较长,在中高阶煤样中,煤中甲基和次甲基的含量减少;低阶煤的含氧官能团多为烷基醚和醇类,且含有一定量的羧基。

3.5　本章小结

本章借助傅立叶变换红外光谱技术,定性和定量研究了不同变质程度煤表面官能团的种类和分布,通过对比分析,得到了煤表面官能团的分布特征和演化规律,主要结论如下:

(1)煤的红外光谱图主要包括 8 个特征区域:游离羟基的伸缩振动区(3 650～3 600 cm^{-1});酚羟基(Ar—OH)或氨基(—NH)的吸收区(3 600～3 200 cm^{-1});芳烃的伸缩振动区(3 200～3 000 cm^{-1});脂肪烃的伸缩振动区

$(3\,000\sim2\,800\ \mathrm{cm}^{-1})$；芳烃和多环芳香层的 C ＝ C 骨架振动和伸缩振动区 $(1\,600\ \mathrm{cm}^{-1}$ 附近）；烷烃的不对称和对称变形振动区 $(1\,450\sim1\,350\ \mathrm{cm}^{-1})$；C—O的伸缩振动区 $(1\,200\sim1\,000\ \mathrm{cm}^{-1})$ 和多种取代芳烃的面外弯曲振动区 $(900\sim700\ \mathrm{cm}^{-1})$。

（2）低阶煤中的羟基含量明显高于中高阶煤，其羟基类型主要为氢键、酚羟基和醇羟基，同时含有少量的自由羟基；中高阶煤中的羟基类型主要为酚羟基和醇羟基，自由羟基消失，在无烟煤中，羟基的含量非常少，基本消失。

（3）低阶煤中脂肪烃的含量较高，随着变质程度的增加，脂肪烃的含量明显减少，亚甲基和次甲基比甲基的减少速度更快。

（4）低阶煤中含有一定量的羧基，其中的含氧官能团多为烷基醚和醇，煤中脂肪链的含量较多，而中高阶煤中，烷基醚、醇的含量逐渐减少，煤中的含氧官能团多为芳基醚和苯氧基醚。

（5）煤的芳香度和脂肪支链的长度可以用来表征煤的变质程度，芳香度越大，脂肪支链长度越短，煤的变质程度越高。

（6）低阶煤中的 C ＝ O 官能团含量相对较高，且含有大量的—OH，在变质作用过程中，煤中的—OH 部分转化为 C—O 官能团，随着变质程度的进一步增大，C—O官能团发生断裂、去氧，缩聚成芳环结构。

第4章 不同变质程度煤的煤层气吸附解吸规律研究

4.1 引言

甲烷吸附与解吸是煤层气开采和矿井瓦斯防治过程中的重要基础性问题，国内外学者对此开展了大量的研究。甲烷的吸附/解吸被普遍认为是可逆的物理过程，在表征煤层气解吸特征时，通常简单采用 Langmuir 方程来表达。然而，大量的实验证明[242]，煤层气的吸附解吸并不完全同步，解吸往往滞后于吸附，形成吸附/解吸滞后环。以往关于吸附解吸滞后的评价多数都是定性的，定量的评价指标较少，而只有建立定量评价指标，才能对比吸附解吸滞后程度的大小，并在此基础上做进一步的分析[243]。

本章利用甲烷吸附解吸实验系统，测试了不同变质程度煤样的吸附解吸曲线，采用不同的方程对吸附解吸数据进行拟合，得到了不同变质程度煤对甲烷的吸附解吸规律，并采用面积法定量计算了煤样的吸附解吸滞后系数。

4.2 样品制备及实验方法

4.2.1 样品制备

将所选煤样进行破碎、粉碎、筛分，选取粒径为 0.2～0.25 mm 的颗粒，每个煤样质量约为 20 g，将制备好的煤样真空干燥后进行吸附解吸实验。

4.2.2 实验系统及测试方法

甲烷吸附解吸实验使用平衡体积法测量甲烷的吸附解吸量。实验系统如图 4-1 所示。

实验系统主要包括 5 个部分：① 进气系统；② 压力监测系统；③ 真空系统；④ 恒温水浴装置；⑤ 解吸仪。

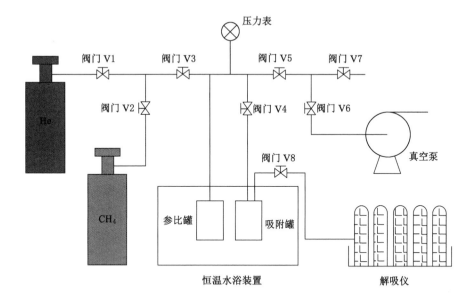

图 4-1 甲烷吸附解吸实验系统

实验过程主要包括以下几个方面：

（1）系统气密性实验。实验首先需要检查系统的气密性。方法是向系统中注入氦气，压力超过实验所需的最高压力时停止，通过压力表监测系统气密性是否良好。

（2）吸附罐自由体积的测定：

① 将一定量的样品放置于吸附罐中，在 373 K 温度下进行真空脱气，脱气完成后，样品冷却到 298 K。

② 关闭阀门 V1、V2、V4、V5、V6、V7 和 V8。随后打开阀门 V3，接着打开氦气钢瓶，并打开阀门 V1，使氦气缓慢地进入参比罐中，当参比罐中的压力达到一定数值时，关闭氦气钢瓶和阀门 V1、V3，待参比罐中的压力稳定后，记录平衡压力 p_1。

③ 打开阀门 V4，使参比罐中的氦气进入吸附罐中，待压力表的读数不变时，认为参比罐和吸附罐之间达到了吸附平衡，记录此时的平衡压力 p_2。

④ 利用气体状态方程和质量守恒定律计算吸附罐的自由体积 V_{free}。

（3）甲烷吸附解吸等温线的测定。通过氦气吸附法测定完吸附罐的自由体积后，进行甲烷吸附解吸实验，具体步骤如下：

① 将约 20 g 的煤样放入吸附罐中，在 298 K 的温度下真空脱气 0.5 h。

② 关闭阀门 V1、V2、V4、V5、V6、V7 和 V8。随后打开阀门 V3，接着打开

甲烷钢瓶和阀门 V2,使甲烷进入参比罐中,当参比罐达到所需压力时,关闭甲烷钢瓶和阀门 V2、V3,当压力表的读数稳定时,记录压力 $p_{ini,1}$。

③ 打开阀门 V4,使参比罐中的甲烷进入吸附罐中,煤对甲烷产生吸附,经过一段时间后,达到吸附平衡,记录此时的平衡压力 $p_{equ,1}$。

④ 利用气体状态方程和质量守恒定律计算平衡压力下的吸附量。

⑤ 重复上述②、③、④步骤可得到不同平衡压力下的甲烷吸附量,即甲烷吸附等温线。

⑥ 完成吸附实验后,关闭阀门 V4,缓慢打开阀门 V8,释放出一定量的气体后,关闭阀门 V8,使吸附罐内重新进行吸附平衡,记录平衡压力 $p_{des,1}$。

⑦ 通过解吸仪测定释放的气体量,结合解吸前后的平衡压力,计算得到平衡状态下的吸附量。

⑧ 重复⑥、⑦步骤,可以得到不同解吸压力下的吸附量,即解吸曲线。

4.3 煤对甲烷的吸附解吸规律

4.3.1 甲烷吸附解吸曲线

根据吸附解吸实验结果,可以得到各煤样的甲烷吸附解吸曲线如图 4-2 所示。从图中可以看出,所有煤样的吸附、解吸曲线均不重合,即存在解吸滞后现象。低阶煤的吸附量增长缓慢,而中高阶煤的吸附量则在吸附压力较低时增长较快,说明低阶煤在低压时的吸附能力较弱,尤其是 3# 和 4# 褐煤,表现出比较弱的吸附能力。解吸曲线的特征则表明,在压力较高($p>3$ MPa)时,解吸滞后程度较小,随着压力的下降,解吸滞后程度增加。在解吸时,低阶煤的初期解吸速度较快,更容易解吸。

4.3.2 煤的甲烷吸附特征

研究煤对甲烷的吸附特征需要对吸附实验数据进行拟合,得到表征吸附能力和难易程度的参数。在进行数据拟合时最常用的吸附模型主要有 3 种。

4.3.2.1 Langmuir 吸附模型

该理论模型假定煤表面只存在一种吸附位,即只发生单分子层吸附,吸附方程如下:

$$V = \frac{V_L p}{p + p_L} \tag{4-1}$$

经过变换可以得到:

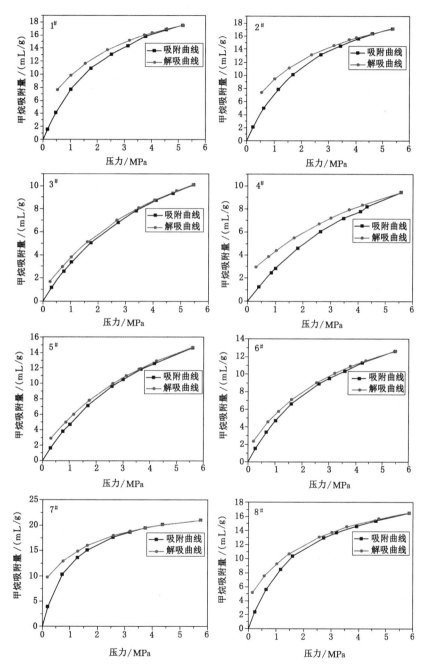

图 4-2　甲烷吸附解吸实验曲线

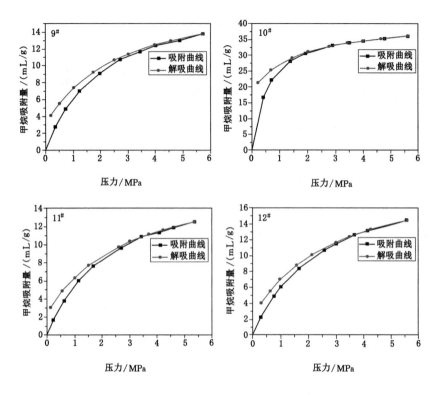

图 4-2(续)

$$\frac{p}{V} = \frac{p}{V_L} + \frac{p_L}{V_L} \qquad (4-2)$$

式中　V——甲烷吸附量，mL/g；

　　　　p——吸附平衡压力，MPa；

　　　　V_L——Langmuir 体积，反映煤的最大吸附能力，mL/g；

　　　　p_L——Langmuir 压力，吸附量达到最大吸附能力一半时的吸附压力，MPa。

4.3.2.2　BET 吸附模型

　　该理论模型在 Langmuir 单分子层吸附理论的基础上进行了拓展，认为煤体表面发生多分子层吸附，吸附方程如下：

$$V = \frac{V_m C p}{(p_0 - p)[1 + (C-1)(p/p_0)]} \qquad (4-3)$$

　　经过变换可以得到：

$$\frac{p}{V(p_0 - p)} = \frac{1}{V_m C} + \frac{C-1}{V_m C} \cdot \frac{p}{p_0} \tag{4-4}$$

式中　V——甲烷吸附量，mL/g；

　　　V_m——单分子层甲烷吸附量，mL/g；

　　　p——吸附平衡压力，MPa；

　　　p_0——甲烷饱和蒸气压，MPa；

　　　C——常数，反映吸附热的大小。

4.3.2.3　D-A 吸附模型

该理论模型以吸附势理论为基础，可以表征煤体表面的不规则程度以及吸附能的大小，吸附方程如下：

$$\frac{V}{V_0} = \exp\left\{ -\left[\frac{RT}{E} \ln\left(\frac{p_0}{p} \right) \right]^n \right\} \tag{4-5}$$

经过变换可以得到：

$$\ln V = \ln V_0 - \left(\frac{RT}{E} \right)^n \left[\ln\left(\frac{p_0}{p} \right) \right]^n \tag{4-6}$$

式中　V——甲烷吸附量，mL/g；

　　　V_0——最大甲烷吸附量，mL/g；

　　　R——气体常数，8.314 J/(mol·K)；

　　　T——实验温度，298 K；

　　　E——特征吸附能，J/mol；

　　　p——吸附平衡压力，MPa；

　　　p_0——甲烷饱和蒸气压，MPa；

　　　n——常数，反映煤样表面的不均一程度。

甲烷的饱和蒸气压可以根据杜比宁的计算公式进行计算：

$$p_0 = p_c \left(\frac{T}{T_c} \right)^2 \tag{4-7}$$

式中，$p_c = 4.599\ 2$ MPa，$T_c = 190.56$ K。

由式(4-7)可以得到在 298 K 温度下甲烷的饱和蒸气压 $p_0 = 11.247\ 4$ MPa。

将吸附实验数据分别按照式(4-2)、式(4-4)和式(4-6)进行处理，可以得到 3 种吸附模型下的吸附参数。以 1# 煤样为例介绍数据处理过程和拟合结果，数据处理见表 4-1，3 种模型的拟合结果分别如图 4-3、图 4-4、图 4-5 所示。

表 4-1　1# 煤样的吸附数据处理结果

p	V	p/V	p/p_0	$\dfrac{p}{V(p_0-p)}$	$\ln(p_0/p)$	$\ln V$
5.167 9	17.534 5	0.294 728	0.459 475	0.048 479	0.777 671	2.864 170
4.563 7	16.825 9	0.271 231	0.405 756	0.040 581	0.902 003	2.822 919
3.789 3	15.815 1	0.239 600	0.336 905	0.032 126	1.087 956	2.760 965
3.144 5	14.352 9	0.219 085	0.279 576	0.027 038	1.274 482	2.663 952
2.520 2	13.036 9	0.193 313	0.224 070	0.022 151	1.495 799	2.567 784
1.747 9	10.894 0	0.160 446	0.155 405	0.016 890	1.861 722	2.388 212
1.020 1	7.714 8	0.132 226	0.090 697	0.012 929	2.400 236	2.043 141
0.480 4	4.116 3	0.116 707	0.042 712	0.010 839	3.153 273	1.414 955
0.156 7	1.586 9	0.098 746	0.013 932	0.008 903	4.273 559	0.461 782

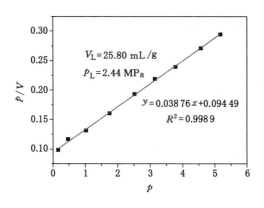

图 4-3　Langmuir 方程拟合曲线

　　按照上述所示的方法,可以求得各煤样在采用不同拟合方法时的吸附参数,如表 4-2 所列。

　　从煤样的拟合结果可以看出,采用 3 种理论模型都能够得到较好的拟合效果,拟合度几乎都大于 0.99。其中,D-A 方程的拟合度最好,其次是 Langmuir 方程,BET 方程的拟合度最差。3 种模型拟合得到的参数从不同角度反映了煤样的吸附特征。现将各参数与煤样变质程度的关系讨论如下。

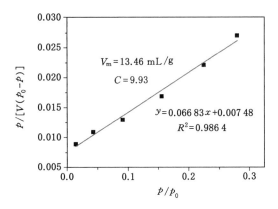

图 4-4　BET 方程拟合曲线

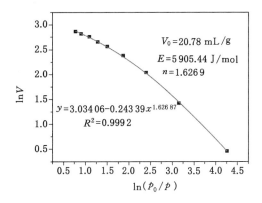

图 4-5　D-A 方程拟合曲线

表 4-2　采用不同拟合方法得到的煤样吸附参数

煤样	Langmuir 方程			BET 方程			D-A 方程			
	V_L /(mL/g)	p_L /MPa	R^2	V_m /(mL/g)	C	R^2	V_0 /(mL/g)	E /(J/mol)	n	R^2
1#	25.80	2.44	0.998 9	13.46	9.93	0.986 4	20.78	5 905.44	1.626 9	0.999 2
2#	25.24	2.53	0.991 8	13.71	8.92	0.993 5	19.79	5 938.86	1.670 5	0.999 9
3#	18.67	4.70	0.999 6	7.89	6.10	0.990 6	12.73	4 863.29	1.449 4	0.999 9
4#	18.88	5.66	0.997 9	7.55	5.26	0.994 5	12.08	4 615.18	1.409 5	0.999 8
5#	26.90	4.69	0.997 9	11.28	6.18	0.991 7	18.64	4 802.97	1.423 8	0.999 5

表 4-2(续)

煤样	Langmuir 方程			BET 方程			D-A 方程			
	V_L /(mL/g)	p_L /MPa	R^2	V_m /(mL/g)	C	R^2	V_0 /(mL/g)	E /(J/mol)	n	R^2
6#	20.26	3.37	0.999 5	9.63	7.76	0.990 2	14.92	5 441.62	1.575 3	0.999 8
7#	24.83	1.04	0.998 1	15.29	23.96	0.990 0	21.80	7 749.11	2.082 8	0.999 9
8#	21.60	1.83	0.999 6	12.02	13.18	0.988 3	17.73	6 588.71	1.828 0	0.999 6
9#	18.70	2.06	0.999 5	10.62	10.80	0.995 4	14.99	6 370.93	1.803 8	0.999 7
10#	39.56	0.57	0.999 9	26.58	54.08	0.992 6	36.40	9 097.39	2.397 6	0.999 6
11#	17.74	2.27	0.999 2	9.84	9.93	0.990 9	14.25	6 129.36	1.702 8	0.999 5
12#	20.95	2.48	0.999 6	10.93	9.90	0.995 4	16.60	5 939.03	1.659 1	0.999 9

Langmuir 方程拟合得到参数 V_L 和 p_L 随变质程度的变化关系如图 4-6 所示。从图 4-6(a)中可以看出,随着变质程度的增加,V_L 呈先减小后增大的 U 形变化趋势,褐煤的吸附能力较差,其余低阶煤的最大吸附能力大于部分中阶煤 $(1.0\% < R_{o,max} < 1.5\%)$;当 $R_{o,max} \geqslant 1.5\%$ 时,煤样的最大吸附能力随着变质程度的增加迅速增大,无烟煤的吸附能力明显高于其他煤样。从图 4-6(b)可以看出,p_L 随着变质程度的增加而减小,从 Langmuir 方程可知,p_L 反映了吸附量在压力较低时的增长速率,p_L 越大,吸附量的增长速率越慢,煤样越不容易达到饱和吸附。因此,尽管低阶煤的最大吸附能力相对于部分中阶煤$(1.0\% < R_{o,max} < 1.5\%)$较大,但却不容易达到饱和吸附,煤样的吸附需要较大的压力。

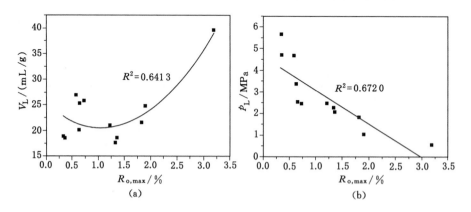

图 4-6 Langmuir 方程拟合参数与煤阶之间的关系

BET 方程拟合得到的参数 V_m 和 C 与变质程度之间的关系如图 4-7 所示。从图 4-7(a)可以看出,在低阶煤阶段,V_m 随着变质程度的增加明显增大,在中等变质程度阶段增长比较平缓,当 $R_{o,max} > 2.0\%$ 时,V_m 迅速增加,说明低阶煤的单分子层吸附能力较弱,不易在表面形成吸附,参数 C 的变化也印证了这一点。从图 4-7(b)可知,C 随着变质程度的增加先缓慢增大,当 $R_{o,max} > 1.5\%$ 时,C 值迅速增大。由 BET 理论可知,常数 C 反映了吸附热,C 值越大,吸附热就越大,煤与甲烷之间的相互作用就越大,吸附曲线在低压区就迅速上升。此变化趋势与图 4-2 中的吸附曲线的变化趋势相同。

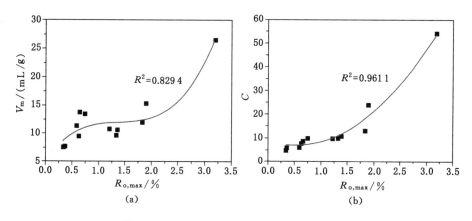

图 4-7　BET 方程拟合参数与煤阶之间的关系

D-A 方程的拟合参数与变质程度之间的关系如图 4-8 所示。D-A 方程拟合得到的最大甲烷吸附量的变化规律与 Langmuir 方程拟合得到的 V_L 的变化规律相同。煤样的特征吸附能 E 和常数 n 均随着变质程度的增加逐渐增大,说明煤对甲烷的吸附作用逐渐增大。低阶煤的特征吸附能较小,一般小于 6 000 J/mol。

综上所述,低阶煤的最大吸附能力大于中阶煤($1.0\% < R_{o,max} < 1.5\%$),小于高阶煤,但是低阶煤与甲烷的相互作用较弱,吸附量在低压区的增长速率较慢,难以达到饱和吸附。采用 3 种拟合方程得到的规律大致相同,但 Langmuir 方程简单、参数意义明确,较容易量化对比,且方程的拟合度中等,因此,在此后的分析中采用 Langmuir 参数进行分析。

4.3.3　煤的甲烷解吸特征

由于煤样的吸附-解吸曲线存在着差异,在表征煤样的解吸特征时,Langmuir 方程的拟合度较低,无法准确反映煤样的解吸特征。根据图 4-2 所示的解吸曲线,在解吸压力接近于零时,煤样仍有较大的吸附量,即甲烷不能完全

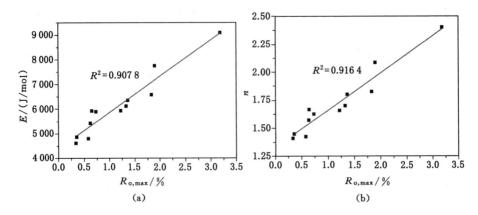

图 4-8　D-A 方程拟合参数与煤阶之间的关系

解吸。因此，需要对 Langmuir 方程进行如下修正[244-245]：

$$V = \frac{V_{LD}p}{p + p_{LD}} + M \tag{4-8}$$

式中　V——解吸到压力 p 时的残余吸附量，mL/g；

$\quad\quad p$——解吸压力，MPa；

$\quad\quad V_{LD}$——煤的最大吸附能力，mL/g；

$\quad\quad p_{LD}$——解吸速度与吸附热的综合函数，MPa；

$\quad\quad M$——压力为零时的残余吸附量，mL/g。

由此可以得到煤样的理论解吸率。煤样的理论解吸率是指在解吸过程中压力为零时解吸的气体量与饱和吸附量之间的比值[244]，即：

$$\eta_1 = \frac{V_L - M}{V_L} \times 100\% = \left(1 - \frac{M}{V_L}\right) \times 100\% \tag{4-9}$$

在考察煤层气的抽采效果时，通常通过煤层气的采收率来衡量。煤层气的采收率是指压力降至废弃压力时的解吸量与饱和吸附量之间的比值，根据经验，废弃压力一般选择 0.7 MPa，即：

$$\eta_2 = \frac{V_L - V_{des}}{V_L} \times 100\% \tag{4-10}$$

式中，V_{des} 是指废弃压力时解吸曲线对应的残余吸附量，单位为 mL/g。

根据式(4-8)～式(4-10)可以拟合计算得到煤样的解吸参数和解吸效率，如表 4-3 所列。

从计算结果可以看出，采用修正的 Langmuir 方程的拟合效果较好，拟合度达到 0.9 以上，拟合得到的参数反映了煤样的解吸效率。解吸过程的 V_{LD} 均小于

吸附过程的 V_L，说明存在解吸滞后现象，煤样中会有残存的甲烷。解吸过程的 p_{LD} 明显大于吸附过程的 p_L，说明在解吸初期，解吸的速率较快。从表 4-3 可以看出，在解吸压力为零时，煤样均存在残余吸附量，其数值随变质程度的变化关系如图 4-9 所示。

表 4-3　解吸参数计算结果

煤样	吸附参数		解吸参数				$\eta_1/\%$	$\eta_2/\%$
	V_L /(mL/g)	p_L /MPa	V_{LD} /(mL/g)	p_{LD} /MPa	M /(mL/g)	R^2		
1#	25.80	2.44	20.14	2.78	4.439 0	0.950 1	82.79	67.09
2#	25.24	2.53	19.78	2.96	4.367 7	0.912 8	82.70	67.71
3#	18.67	4.70	17.73	5.03	0.840 9	0.938 7	95.50	83.89
4#	18.88	5.66	15.06	6.13	2.267 2	0.932 1	87.99	79.82
5#	26.90	4.69	25.39	5.10	1.372 8	0.910 6	94.90	83.51
6#	20.26	3.37	18.74	3.74	1.455 5	0.952 1	92.82	77.02
7#	24.83	1.04	17.15	1.93	8.152 8	0.912 7	67.17	48.78
8#	21.60	1.83	17.56	2.51	4.214 1	0.931 8	80.49	62.76
9#	18.70	2.06	15.76	2.73	3.138 6	0.972 1	83.22	66.02
10#	39.56	0.57	22.47	1.61	18.615 1	0.901 7	52.94	35.73
11#	17.74	2.27	15.59	2.85	2.347 4	0.918 2	86.77	69.44
12#	20.95	2.48	18.36	2.79	2.225 9	0.931 9	89.38	71.80

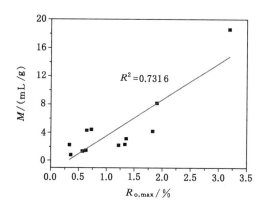

图 4-9　残余吸附量与煤阶的关系

从图 4-9 可知,随着变质程度的增加,残余吸附量 M 随变质程度的增加逐渐增大,这一方面是因为低阶煤的解吸速率较快,更容易解吸,另一方面是因为中高阶煤的吸附能力较强,在最大实验压力下的甲烷吸附量较多。残余吸附量反映了煤样剩余吸附量的绝对大小,而解吸效率的大小则通过理论解吸率来衡量。理论解吸率/采收率与煤样变质程度的关系如图 4-10 所示。

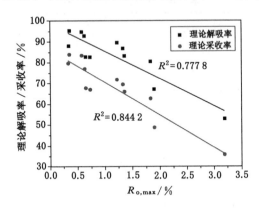

图 4-10 理论解吸率/采收率与煤阶的关系

从图中可知,随着变质程度的增加,煤样的理论解吸率逐渐减小,低阶煤的理论解吸率为 82.70%~95.50%,中高阶煤的理论解吸率为 52.94%~89.38%。较高的解吸率说明低阶煤容易解吸,在抽采过程中,煤层气容易被抽出。煤样的理论采收率同样随着变质程度的增加逐渐减小,低阶煤的理论采收率较高,达到 67.09%~83.89%,而中高阶煤的理论采收率较低,为 35.73%~71.80%。但是,在实际的煤层气抽采过程中,采收率受矿井地质条件和生产条件的限制会发生变化。

综上所述,相对于中高阶煤,低阶煤更加容易解吸,在解吸初期,解吸速率较快。低阶煤的残余吸附量低于中高阶煤,理论解吸率和理论采收率均高于中高阶煤,因此,尽管低阶煤的煤层气含量相对较低,但是其抽采效率较高,低阶煤煤层气抽采具有重要意义。

4.4 不同变质程度煤解吸滞后程度的定量分析

由图 4-2 可知,所有煤样均存在解吸滞后现象,解吸滞后程度的大小决定了煤样解吸的难易程度,因此,需要对煤样的解吸滞后程度进行定量分析。用来描述解吸滞后程度强弱的物理量被称为解吸滞后系数。目前在对煤层气解吸滞后程度的研究中,大多数研究学者还是以定性描述为主,将滞后程度粗略地划分为明显、较弱、不存在等几种情况,还没有一个统一的解吸滞后系数计算方法。而在对土壤、高分子聚合物、有机材料等其他多孔介质的研究中都对相应的解吸滞后系数进行了广泛而深入的研究,许多研究学者都提出了大量的经验公式计算解吸滞后系数,定量描述解吸滞后程度。这些经验公式可以根据不同的分类标准划分为 Freundlich 指数、固相中的平衡浓度指数、斜率指数、面积指数 4 类[246]。

（1）Freundlich 指数[247-251]：

$$S = K_{ad} \times C^{1/n_{ad}}$$

$$S = K_{de} \times C^{1/n_{de}}$$

$$HI = \frac{n_{de}}{n_{ad}}$$

式中　S——固相平衡浓度;

　　　C——吸附剂平衡浓度;

　　　K_{ad}——Freundlich 吸附因数;

　　　K_{de}——Freundlich 解吸因数;

　　　n_{ad}——Freundlich 吸附指数;

　　　n_{de}——Freundlich 解吸指数;

　　　HI——解吸滞后系数。

（2）固相中的平衡浓度指数[252-254]：

$$HI = \frac{\max(S_{de} - S_{ad})}{S_{ad}}$$

式中　S_{ad}——吸附过程中的平衡浓度;

　　　S_{de}——解吸过程中的平衡浓度。

（3）斜率指数[255-256]：

$$HI = \frac{f_{ad}'(C) - f_{de}'(C)}{f_{ad}(C)}$$

式中　$f_{ad}'(C)$——吸附曲线的斜率;

　　　$f_{de}'(C)$——解吸曲线的斜率;

　　　$f_{ad}(C)$——吸附曲线方程。

（4）面积指数[257]：

$$HI = 100\left(\frac{A_{de} - A_{ad}}{A_{ad}}\right)$$

式中 A_{ad}——吸附曲线下方围成的面积；

$\quad\quad A_{de}$——解吸曲线下方围成的面积。

然而,这些根据其他多孔介质解吸滞后特性提出的解吸滞后系数并不适用于定量描述煤层气的解吸滞后效应,因为对于 Freundlich 指数来说,仅适用于经过 Freundlich 吸附模型拟合后的等温吸附曲线,而这一吸附模型并不适合用来拟合煤层气吸附解吸曲线,拟合可靠度较低且误差较大。而对于固相中的平衡浓度指数和斜率指数来说,它们只计算了单个点的解吸滞后系数,并没有把整条曲线的每一个点都考虑进去,而实验过程中存在的随机误差会造成某些点测量不准确,进而会严重影响解吸滞后系数的准确性,故不存在普适性。并且,当解吸过程中存在残余吸附量时,采用固相中的平衡浓度指数和斜率指数计算解吸滞后系数,结果会变成无限大,没有实际意义。因此,需要提出专门定量描述煤层气解吸滞后效应的解吸滞后系数。

在总结土壤、高分子聚合物、有机材料等其他多孔介质关于定量描述滞后效应的经验公式的基础上,王公达[243]提出了采用面积法来定量计算解吸滞后系数,其计算原理如图 4-11 所示。

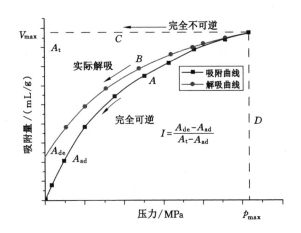

图 4-11　解吸滞后系数计算示意图

在图 4-11 中,A、B 两条曲线分别代表吸附和解吸曲线。当解吸曲线与吸附曲线重合时,解吸按照曲线 A 进行,解吸完全是吸附的逆过程,不产生解吸滞后;当解吸按照图中所示的虚线 C 进行时,吸附量随着解吸压力的降低完全不变,此时,吸附完全不可逆,煤样的解吸滞后程度最大。以上是两种极限情况,在实际解吸过程中,解吸是按照图中所示的曲线 B 进行,此时的解吸滞后程度与最大解吸滞后程度的比值被称为解吸滞后系数。

在采用面积法计算解吸滞后系数时,实际的解吸滞后程度的大小可以用吸附解吸曲线之间的面积,即图 4-11 中曲线 A 和曲线 B 之间的面积 A_h 来表示,而最大解吸滞后程度的大小可以用图中曲线 A 和虚线 C 之间的面积 A_{sh} 来表示,则煤样的解吸滞后系数可以被定义为:

$$I = \frac{A_h}{A_{sh}} \times 100\% = \frac{A_{de} - A_{ad}}{A_t - A_{ad}} \times 100\% \tag{4-11}$$

式中　A_{de}——解吸曲线与 X 轴之间的面积;

　　　A_{ad}——吸附曲线与 X 轴之间的面积;

　　　A_t——两虚线与坐标轴形成的四边形的面积。

根据吸附方程(4-1)和解吸方程(4-8)可以求得:

$$A_{de} = \int_0^{p_{max}} \left(\frac{V_{LD} p}{p + p_{LD}} + M \right) \mathrm{d}p$$

$$= (V_{LD} + M) p_{max} - V_{LD} p_{LD} [\ln(p_{max} + p_{LD}) - \ln p_{LD}] \tag{4-12}$$

$$A_{ad} = \int_0^{p_{max}} \frac{V_L p}{p + p_L} \mathrm{d}p = V_L p_{max} - V_L p_L [\ln(p_{max} + p_L) - \ln p_L] \tag{4-13}$$

$$A_t = V_{max} p_{max} \tag{4-14}$$

式中　p_{max}——最大实验压力,MPa;

　　　V_{max}——最大实验压力对应的吸附量,mL/g。

根据以上公式,可以求得各煤样的解吸滞后系数,如表 4-4 所列。从表中可以看出,低阶煤的解吸滞后系数为 $7.50\% \sim 23.73\%$,中高阶煤的解吸滞后系数为 $11.70\% \sim 23.45\%$。低阶煤的解吸滞后系数相对较小,但 $1^{\#}$、$2^{\#}$ 和 $4^{\#}$ 煤样的解吸滞后系数明显大于其他低阶煤样,说明这些煤样中存在着不利于解吸的结构,煤样的孔隙结构和孔隙形状可能会对此产生影响。

表 4-4　煤样的解吸滞后系数

煤样	$V_{max}/(\mathrm{mL/g})$	p_{max}/MPa	A_{de}	A_{ad}	A_t	$I/\%$
$1^{\#}$	17.534 5	5.167 9	68.21	61.74	90.62	22.40
$2^{\#}$	17.110 1	5.359 4	68.91	62.65	91.70	21.55
$3^{\#}$	10.067 3	5.457 6	35.82	34.27	54.94	7.50
$4^{\#}$	9.441 1	5.576 4	36.90	32.00	52.65	23.73
$5^{\#}$	14.634 3	5.576 4	53.50	51.17	81.61	7.65
$6^{\#}$	12.597 0	5.483 9	47.48	45.15	69.08	9.74

表 4-4(续)

煤样	$V_{max}/(mL/g)$	p_{max}/MPa	A_{de}	A_{ad}	A_t	$I/\%$
7#	20.983 1	5.732 4	99.41	93.95	120.28	20.74
8#	16.506 2	5.856 9	74.46	69.78	96.68	17.40
9#	13.808 1	5.721 9	59.51	55.80	79.01	15.98
10#	36.076 1	5.612 4	176.29	168.27	202.47	23.45
11#	12.525 1	5.359 4	49.13	46.26	67.13	13.75
12#	14.463 3	5.576 4	58.54	55.61	80.65	11.70

图 4-12 描述了解吸滞后系数与煤样变质程度之间的关系。排除掉低阶煤中的异常点,可以得到较高的拟合度,说明煤样的解吸滞后系数随着变质程度的增加逐渐增大,低阶煤的解吸滞后系数较小,可能是因为低阶煤中的开放性孔隙较多,有利于煤层气的解吸。

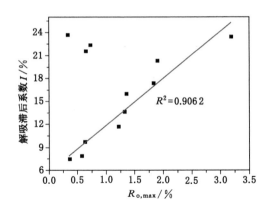

图 4-12 解吸滞后系数随煤阶的变化关系

4.5 本章小结

本章通过甲烷吸附解吸实验系统测试了煤样的吸附解吸曲线,采用不同的理论方程研究了煤层气的吸附解吸规律,并对不同变质程度煤样的解吸滞后系数进行了定量计算,得到以下结论:

(1) 采用 3 种吸附理论模型均能得到较好的拟合效果,拟合度从大到小的顺序依次为 D-A 方程、Langmuir 方程、BET 方程;3 种理论模型得到的吸附参数从不同角度反映了煤样的吸附特征,拟合结果可以相互验证。

（2）随着变质程度的增加，V_L 呈先减小后增大的 U 形变化趋势，褐煤的吸附能力较差，其余低阶煤的最大吸附能力大于部分中阶煤（$1.0\% < R_{o,max} < 1.5\%$），小于高阶煤；低阶煤与甲烷的相互作用较弱，吸附量在低压区的增长速率较慢，难以达到饱和吸附。

（3）修正的 Langmuir 方程可以准确地反映煤样的解吸特征；低阶煤的初期解吸速率较快，更容易解吸，随着变质程度的增加，煤样的残余吸附量逐渐增大；低阶煤的残余吸附量为 $0.840\ 9 \sim 4.439\ 0$ mL/g，中高阶煤的残余吸附量为 $2.225\ 9 \sim 18.615\ 1$ mL/g。

（4）低阶煤的理论解吸率和理论采收率均明显高于中高阶煤，在抽采过程中，煤层气容易被抽出。因此，尽管低阶煤的煤层气含量相对较低，但抽采效率较高，仍具有重要的开采意义。

（5）所有煤样均存在解吸滞后现象，随着变质程度的增加，煤样的解吸滞后系数增加，低阶煤解吸滞后系数较小。

第5章 煤的微观结构特征对煤层气吸附解吸的控制机理

5.1 引言

目前,国内外学者在研究煤的微观结构与煤层气吸附解吸规律方面取得了丰硕的研究成果,但是研究结果却不尽相同,在特定区域煤田的经验规律对其他煤田并不适用。例如,Levy 等在研究澳大利亚伯恩盆地的煤样时发现,煤吸附甲烷的能力随着煤的变质程度的增加而增大[258]。Laxminarayana 和 Crosdale 研究了印度烟煤的吸附特性,吸附实验曲线表明煤样的吸附能力与变质程度存在二次多项式关系[149]。但是,Bustin 和 Clarkson 的研究结果表明,煤样的甲烷吸附能力和变质程度之间没有显著的关系[154]。因此,煤的微观结构特征对煤层气吸附解吸的影响亟须进一步研究。

本章在研究煤的孔隙结构特征和表面官能团的基础上,分析煤的微观结构特征对煤层气吸附解吸的影响,从而得到煤层气吸附解吸的控制机理。

5.2 煤的孔隙结构特征对煤层气吸附解吸的影响

5.2.1 孔径分布特征对煤层气吸附解吸的影响

低阶煤的孔隙比较发育,煤中各类孔的体积都较大,不同孔径大小的孔对煤层气吸附解吸的影响作用不同。大孔由于孔径较大,对甲烷分子的束缚能力较弱,不容易发生吸附,因此,对煤层气吸附解吸的影响较小,在此不做讨论。微孔由于其孔径较小,对甲烷分子的束缚能力较强,且微孔能提供较大的比表面积,对煤层气吸附能力的影响较大。图 5-1 描述了微孔对煤层气吸附能力的影响。

从图 5-1(a)中可以看出,随着微孔体积的增加,煤样的最大吸附能力逐渐增强,但是存在异常点。图中褐煤的微孔体积分别达到了 11.01×10^{-3} mL/g 和

11.85×10^{-3} mL/g,但是其最大吸附能力却只有 18.67 mL/g 和 18.88 mL/g,说明煤样的最大吸附能力不仅受微孔体积的影响,还与其他因素有关。从图 5-1(b)可以看出,随着微孔体积的增加,Langmuir 压力呈逐渐减小的趋势,但是线性关系不明显,且褐煤的 Langmuir 压力明显高于其他煤样。因此,煤的吸附能力还与其他因素有关。

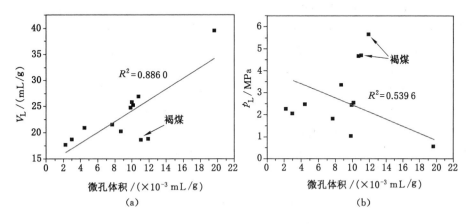

图 5-1　微孔对煤层气吸附能力的影响

中孔对煤层气吸附能力的影响如图 5-2 所示。从图 5-2(a)可以看出,随着中孔体积的增加,煤样的最大吸附量呈逐渐增大的趋势,但是增大的趋势较为缓慢。低阶的褐煤和高阶的无烟煤不符合这种趋势,10$^{\#}$ 无烟煤的中孔体积仅为 6.35×10^{-3} mL/g,其最大吸附量却达到了 39.56 mL/g,主要是因为其微孔体积

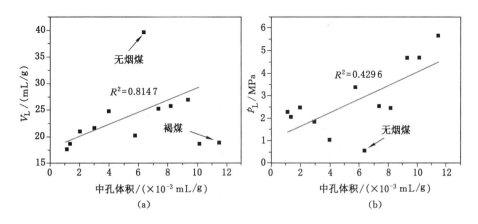

图 5-2　中孔对煤层气吸附能力的影响

较大,明显大于其他煤样,因此,相比于微孔,中孔对最大吸附量的影响较弱。褐煤的异常说明煤对煤层气吸附能力的大小不仅和孔分布有关,可能还受煤的其他物理化学特征的影响。从图 5-2(b)可以看出,随着中孔体积的增大,Langmuir 压力逐渐增大,但是相关性较弱。

从上述分析可知,煤样的最大吸附能力同时受中孔和微孔的影响,但是二者对 Langmuir 压力的影响趋势却相反。由于 Langmuir 压力反映了煤样在低压段的吸附能力,而低压时的吸附能力主要与微孔有关,因此,微孔在孔分布中所占的比例会对 Langmuir 压力有重要影响。

图 5-3 描述了微孔所占的比例与 Langmuir 压力的关系。从图中可知,随着煤中微孔所占比例的增大,Langmuir 压力逐渐减小,二者之间的拟合度较好,说明,随着微孔所占比例的增大,煤样在低压段的吸附能力增强,能够更快地达到饱和吸附。低阶煤中微孔所占的比例为 $24.98\%\sim40.37\%$,而中高阶煤中微孔所占的比例为 $53.21\%\sim70.49\%$,因此,低阶煤的 Langmuir 压力明显高于中高阶煤。

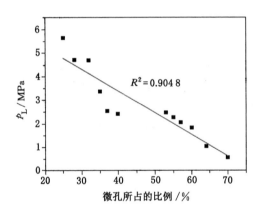

图 5-3　微孔所占的比例与 Langmuir 压力的关系

与吸附过程不同,煤层气的解吸过程主要考察其难易程度,因此,煤中微孔所占的比例会对其有重要影响。在描述煤样解吸过程的修正的 Langmuir 方程中,残余吸附量 M 反映了煤样的最终解吸状态,其与微孔所占比例的关系如图 5-4 所示。

从图 5-4 可以看出,随着微孔比例的增加,煤样的残余吸附量呈现阶段式增加的趋势:当微孔比例小于 55% 时,残余吸附量增长缓慢;当微孔比例大于 55% 时,残余吸附量增长迅速。低阶煤的残余吸附量相对较低,无烟煤的残余吸附量远远高于其他煤样,低阶煤的解吸更加充分,在抽采过程中煤层气更容易被抽

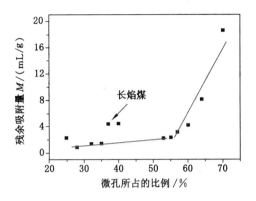

图 5-4　微孔所占的比例与残余吸附量的关系

出。但是低阶煤中的 1# 和 2# 煤样的残余吸附量较大,甚至大于微孔比例较大的中阶煤,说明还有其他因素对煤层气解吸造成影响。

　　煤样存在解吸滞后,解吸滞后系数定量地反映了煤样解吸滞后程度的大小。煤中微孔所占的比例与解吸滞后系数的关系如图 5-5 所示。

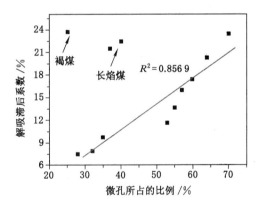

图 5-5　微孔所占的比例与解吸滞后系数的关系

　　从图 5-5 可以看出,随着微孔比例的增加,煤样的解吸滞后系数逐渐增大。微孔由于孔径较小,对气体分子的束缚能力较强,当气体分子吸附进入微孔后,发生微孔填充,使得气体分子很难从微孔中解吸出来,造成解吸滞后。解吸滞后系数同样存在异常点,褐煤和长焰煤的解吸滞后系数明显高于其他低阶煤,甚至大于无烟煤的解吸滞后系数。

5.2.2 孔隙类型对煤层气解吸的影响

从上述分析可知,孔径分布对煤层气吸附解吸的影响存在异常点,导致数据异常的原因与煤样的孔隙类型有关。在升压吸附的过程中,煤中的孔隙类型对煤层气吸附能力的影响作用不明显,但在降压解吸过程中,孔隙类型往往决定了解吸的难易程度。孔隙类型对煤层气解吸的影响如图 5-6 所示。

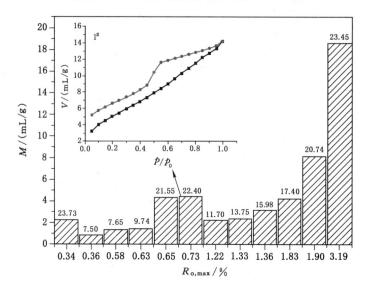

图 5-6　孔隙类型对煤层气解吸的影响

在图 5-6 中,柱状图上方的数字是对应煤样的解吸滞后系数。图中 1#、2# 和 4# 煤样的残余吸附量和解吸滞后系数明显高于其他低阶煤。从煤样的孔隙类型分析结果可知,低阶煤的孔隙类型主要为开放的楔形孔和半开放的墨水瓶形孔,尤其在 1#、2# 和 4# 煤样中含有大量的墨水瓶形孔,其表现特征为液氮解吸曲线存在突降。因此,尽管 1#、2# 和 4# 煤样属于低阶煤,微孔所占的比例较小,其解吸滞后系数仍然较大。

综上所述,煤对煤层气的吸附能力主要受孔径分布的影响,中孔和微孔均会增强煤样的最大吸附量,而煤样的 Langmuir 体积主要受微孔的影响,微孔比例越大,煤样在低压段的吸附能力越强;煤对煤层气的解吸能力同时受孔径分布和孔隙类型的影响,煤中微孔所占的比例越大,煤层气越不容易解吸,煤中的残余吸附量和解吸滞后系数越大;煤中的墨水瓶形孔由于其瓶颈效应,不利于煤层气解吸。

5.3　煤的表面官能团对煤层气吸附的影响

从上述分析可知,煤的孔径分布和孔隙类型都对煤层气的吸附解吸有重要影响,二者都属于煤的物理结构,而煤的化学结构同样复杂,对煤层气吸附解吸也同样具有重要的影响。从第 3 章的分析可知,低阶煤与中高阶煤最大的差别在于低阶煤中含有大量的羟基和一定数量的羧基,而中高阶煤中羟基的含量相对较少,羧基的含量更少甚至为零。羟基和羧基的存在会对煤的表面性质产生影响,使煤的吸水性增强,因此,会对煤层气的吸附有重要影响。各煤样中羟基和羧基的含量如图 5-7 所示。

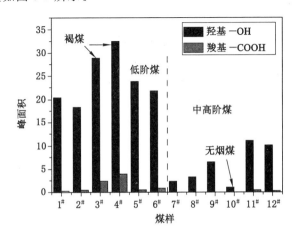

图 5-7　各煤样中羟基和羧基的含量

从图中可以直观地看出,低阶煤中羟基的含量远远大于中高阶煤,尤其是 3# 和 4# 褐煤,其峰面积分别达到了 28.91 和 32.53,而无烟煤中羟基的峰面积仅为 1.02。同时,低阶煤中还含有一定量的羧基,褐煤中的含量最高,而中高阶煤的羧基含量接近于零。

孙文晶[259]采用分子模拟的手段研究了煤中羟基和羧基对甲烷吸附的影响,结果表明:当煤的表面不含羟基或羧基官能团时,煤与甲烷的相互作用能为 13.22～14.01 kJ/mol;当煤的表面含有羟基官能团时,煤与甲烷的相互作用能为 10.16 kJ/mol;而当煤的表面含有羧基官能团时,煤与甲烷的相互作用能为 8.07 kJ/mol。由此可知,羟基和羧基官能团的加入使煤与甲烷的相互作用减弱,会降低煤吸附甲烷的能力。此时,褐煤在煤层气吸附时的异常表现就可以得到解释:褐煤中含有大量的羟基和羧基官能团,尽管褐煤的孔隙发育,具有较大的微孔和中孔体积,但这些基团的存在使煤对煤层气的吸附能力变弱,表现在最大吸附能力下降,Langmuir 压力增大。

5.4 煤的分形特征对煤层气吸附解吸的影响

煤的成分复杂,对煤层气的吸附解吸有重要影响。但是由于成分的不规律性,单个组分对吸附解吸的影响规律具有较大的偶然性。根据 2.5 节的研究结果,煤中组分会影响煤表面和孔结构,而分形维数是煤表面不规则程度和孔结构复杂程度的体现,因此,可以将分形维数作为煤样组分复杂程度的综合指标,研究分形维数对煤层气吸附解吸的影响。

表面分形维数对煤层气吸附的影响如图 5-8 所示。从图 5-8(a)可以看出,随着表面分形维数的增加,煤样的最大吸附量呈逐渐增大的趋势,说明煤的表面越不规则,越能提供更多的吸附位,使煤样的最大吸附能力增大。但是褐煤的吸附能力较小,主要是因为褐煤中含有大量的羟基和羧基等含氧官能团,使得甲烷分子在煤表面的吸附能降低。从图 5-8(b)可以看出,随着表面分形维数的增加,Langmuir 压力逐渐减小,煤样在低压段的吸附能力增强,容易达到饱和吸附。同样地,褐煤中由于大量含氧官能团的存在,煤与甲烷分子之间的作用力较弱,难以达到饱和吸附。

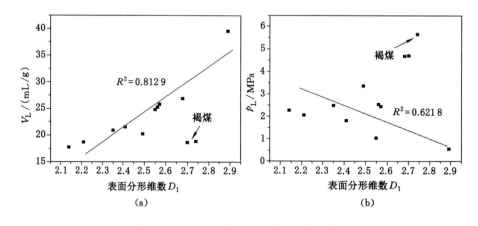

图 5-8　表面分形维数对煤层气吸附的影响

结构分形维数对煤层气吸附的影响如图 5-9 所示。与表面分形维数相反,结构分形维数与最大吸附能力呈负的线性关系,即随着结构分形维数的增加,煤样的最大吸附能力降低,说明孔结构越复杂,为煤层气吸附提供的吸附位越少,越不利于煤层气吸附。而 Langmuir 压力与结构分形维数的关系表明,孔结构越复杂,煤与甲烷分子之间的作用力越强,越容易在低压段发生吸附,但最终的吸附能力变小。在图 5-9(a)中可以看出,无烟煤和长焰煤的结构分形维数较大,但其最大吸附能力仍然较大,是因为无烟煤和长焰煤的表面分形维数也较大,说明表面分形维数对煤层气吸附能力的影响占主导作用。

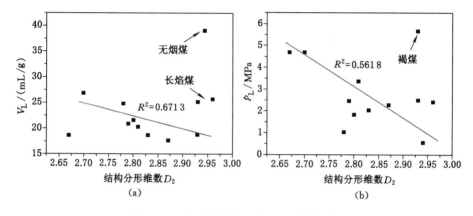

图 5-9　结构分形维数对煤层气吸附的影响

表面分形维数对煤层气解吸的影响如图 5-10 所示。从图 5-10(a)中可以看出,随着表面分形维数的增加,煤样的残余吸附量呈逐渐增加的趋势,当表面分形维数小于 2.5 时,残余吸附量的变化不大;当表面分形维数大于 2.5 时,煤样的残余吸附量迅速增加。褐煤的残余吸附量较小,主要是因为褐煤本身的吸附能力较弱,煤样吸附的煤层气量较小。而表面分形维数对解吸滞后系数的影响不明显。

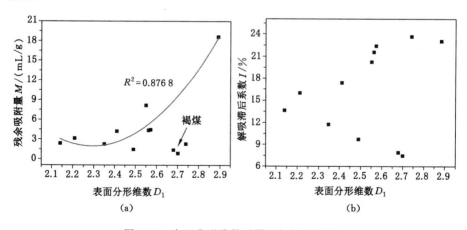

图 5-10　表面分形维数对煤层气解吸的影响

结构分形维数对煤层气解吸的影响如图 5-11 所示。从图中可以看出,随着结构分形维数的增加,煤样的残余吸附量和解吸滞后系数均呈逐渐增大的趋势,说明煤样孔结构越复杂,对煤层气的束缚能力越强,煤层气越不容易解吸,尤其是无烟煤,其残余吸附量为 18.615 1 mL/g,远远高于低阶煤的残余吸附量。因此,在高阶煤的煤层气抽采中,往往需要采取相应的增透措施来促进煤层气的解吸,从而达到高效抽采的目的。

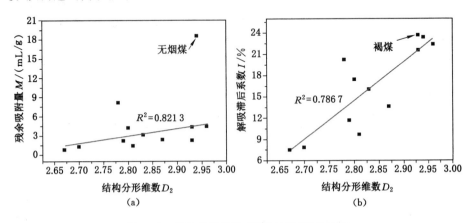

图 5-11　结构分形维数对煤层气解吸的影响

5.5　煤层气吸附解吸的控制机理

从上述煤的微观结构对煤层气吸附解吸的影响规律,可以总结得到煤层气吸附解吸的控制机理:

(1)煤对煤层气的吸附能力受孔径分布和表面官能团的共同控制。低阶煤由于其孔隙发育,煤中微孔和中孔的体积均较大,有利于煤层气的吸附,但由于煤中微孔体积所占的比例较低,使得低阶煤在低压段的吸附能力较弱,不容易达到饱和吸附,导致 Langmuir 压力较大。同时,低阶煤中含有大量的羟基和一定量的羧基,使得煤表面与甲烷分子的相互作用能力较弱,降低了其吸附能力,同时进一步增大了 Langmuir 压力。随着变质程度的增加,煤中微孔所占的比例逐渐增大,煤中含氧官能团的含量逐渐降低,煤样在低压段的吸附能力增强。

(2)煤对煤层气的解吸能力受孔径分布和孔隙类型的共同控制。低阶煤中微孔所占的比例较小,煤对甲烷分子的束缚能力较弱,煤层气解吸能力较强,表现为残余吸附量和解吸滞后系数较小。而中高阶煤对甲烷分子的束缚能力较强,不容易解吸,煤层气解吸滞后系数较大。但低阶煤中往往含有大量的墨水瓶形孔,瓶颈效应的存在使煤的残余吸附量和解吸滞后系数显著增加,降低了其解吸能力。

(3) 在对煤层气吸附解吸的控制中,孔径分布对煤层气吸附起主要控制作用,而在煤层气解吸时,孔隙类型占主导作用。

5.6　本章小结

本章在对煤微观结构特征和吸附解吸规律分析的基础上,研究了微观结构特征对煤层气吸附解吸的影响,并提出了煤层气吸附解吸的控制机理,主要得到以下结论:

(1) 煤的最大吸附能力同时受中孔和微孔的影响,中孔和微孔的体积越大,煤的最大吸附能力越强;Langmuir 压力的大小主要受微孔所占比例的影响,微孔所占的比例越大,Langmuir 压力越小。

(2) 煤的表面官能团对煤的吸附能力有重要影响。低阶煤由于含有大量的羟基和一定量的羧基官能团,使得其吸附能力减弱,Langmuir 压力增大。

(3) 微孔所占的比例以及孔隙类型对煤层气的解吸有重要影响。微孔所占的比例越大,残余吸附量和解吸滞后系数越大,越不利于煤层气解吸;墨水瓶形孔由于其瓶颈效应,不利于煤层气解吸。

(4) 表面分形维数和结构分形维数都会影响煤的吸附能力;表面分形维数对煤层气吸附能力的影响占主导作用。

(5) 表面分形维数和结构分形维数对煤层气解吸的影响作用一致,分形维数越大,残余吸附量和解吸滞后系数越大,煤层气解吸越困难。

(6) 煤层气吸附受孔径分布和表面官能团的共同控制,煤层气解吸受孔径分布和孔隙类型的共同控制;在对煤层气吸附解吸的控制中,孔径分布对煤层气吸附起主要控制作用,而在煤层气解吸时,孔隙类型占主导作用。

第6章　低阶煤煤层气高效抽采模式

6.1　引言

煤层气开采是保障煤矿安全生产和实现绿色开采的重要途径,同时,开采出的煤层气还可以作为新能源进行利用。早期的煤层气开采研究区域主要集中在中高阶煤田,如我国的沁水盆地和鄂尔多斯盆地东部。近年来,随着美国以及澳大利亚低阶煤煤层气的成功开采,低阶煤煤层气开采展现出重要的经济价值,从而成为关注的热点。彬长矿区位于鄂尔多斯盆地西南部,属于侏罗纪煤田,是我国比较有发展前景的低阶煤煤层气开采区域之一。该区域拥有煤炭资源储量50.33亿 t,煤层气预测资源量为 97.52亿 m^3,且井田煤层瓦斯含量较高,煤层厚度较大,随着开采规模的增大和开拓范围的延伸,煤层绝对瓦斯涌出量逐渐增大,因此,必须形成合理的抽采模式,实现低阶煤煤层气的资源化开发,保障煤矿安全生产。

本章在研究煤层气吸附解吸控制机理的基础上,结合大佛寺煤矿的瓦斯赋存和孔隙结构特征,提出了适合低阶煤煤层气开采的"二三二"时空协同高效抽采模式。

6.2　大佛寺煤矿瓦斯赋存及储层特征

6.2.1　瓦斯赋存特征

大佛寺煤矿位于彬长矿区南部,瓦斯等级鉴定结果表明,该矿属于高瓦斯矿井,煤层气储量丰富,且煤层厚度较大,瓦斯封存条件好,充分反映了低阶煤煤层气藏开发相对容易的特点,能够很好地代表彬长矿区的瓦斯赋存及开采技术特征。

为了得到大佛寺煤矿的瓦斯赋存特征,采用井下实测的方法,按照《煤层瓦斯含量井下直接测定方法》(GB/T 23250—2009)测定了煤层瓦斯含量,测定结果如表 6-1 所列。

表 6-1　瓦斯含量测试结果

取样地点	井下解吸瓦斯量/（m³/t）	损失瓦斯量/（m³/t）	破碎前解吸瓦斯量/（m³/t）	破碎后解吸瓦斯量/（m³/t）	煤层瓦斯含量/（m³/t）
4 煤西部 2 号回风大巷	1.970 0	1.744 2	3.209 5	2.316 2	9.239 9
4 煤西部 2 号辅运大巷	1.672 1	1.330 0	3.296 7	2.788 3	9.087 3
41106 掘进头	1.772 7	1.243 9	3.079 5	2.479 8	8.575 9

　　煤层瓦斯压力采用现场实测和反算的方法得到，根据现场实际情况，4 煤层采取本煤层测压、$4^{上}$ 煤层采取穿层孔测压。钻孔设计参数及测试结果如表 6-2 所列。

表 6-2　瓦斯压力测试结果

地点	孔号	方位角/（°）	仰角/（°）	钻孔长度/m	测压位置	压力
西部 2 号辅运	1#	30	60	42.0	$4^{上}$ 煤	0.8 MPa
	2#	320	60	36.0		0.9 MPa
	3#	20	3	40.5	4 煤	水压大
	4#	70	3	40.5		水压大

　　从表 6-2 可知，$4^{上}$ 煤的瓦斯压力较大，而 4 煤由于水压较大，测试数据不准确，因此，采用含量反推的方法计算煤层瓦斯压力。将煤样的吸附常数、煤层瓦斯含量和工业分析、密度测定结果代入 Langmuir 方程中，可以反推得到煤层瓦斯压力，如表 6-3 所列。

表 6-3　煤层瓦斯压力间接法计算结果

测点位置	视密度/（t/m³）	孔隙率/%	瓦斯含量/（m³/t）	吸附常数		工业分析			瓦斯压力/MPa
				a/（mL/g）	b/MPa^{-1}	M_{ad}/%	A_{ad}/%	V_{daf}/%	
4 煤西部 2 号回风大巷	1.314 1	4.35	9.24	26.36	0.44	2.98	6.84	26.30	1.51
4 煤西部 2 号辅运大巷	1.444 8	6.87	9.09	25.89	0.36	2.96	5.06	38.80	1.23
41106 掘进头	1.441 6	2.12	8.58	27.88	0.42	2.32	6.89	38.62	1.08

上述测试结果表明:大佛寺煤矿煤层瓦斯含量为 $8.58\sim9.24$ m³/t,属于高瓦斯煤层。煤层瓦斯压力为 $1.08\sim1.51$ MPa,煤层瓦斯压力较大,在打钻和抽采过程中容易出现喷孔现象。

6.2.2 煤储层特征

煤的储层特征主要包括煤体的结构类型和渗透率特征,它对瓦斯在煤层中的运移和流动具有重要影响,进而影响煤层气抽采。

6.2.2.1 煤体结构类型

煤体结构是指煤层经过地质构造变动所形成的结构特征。煤的结构类型一般划分为 4 种:原生结构煤、碎裂结构煤、碎粒结构煤和糜棱结构煤(粉煤)[260]。

由于大佛寺矿区侏罗系以上地层经受的构造挤压和变形不是很强烈,构造总体较为简单,对煤体结构无重大破坏,煤层为原生-碎裂结构[260]。根据井田施工的煤层气井取芯样描述及对井下 4 煤煤体结构及裂隙发育状况的观测,认为大佛寺井田煤层结构清晰,层状构造,煤层具备良好的渗流条件。

6.2.2.2 煤储层渗透率特征

国外按照煤储层渗透率的大小将煤储层划分为高渗透率煤储层(大于 10 mD)、中渗透率煤储层($1\sim10$ mD)、低渗透率煤储层(小于 1 mD)。我国煤储层渗透率一般较低,参照上述分类分别降低一个数量级来划分[176]。

采用注入/压降法测试煤储层渗透率的结果如表 6-4 所列,由表可知,大佛寺煤矿 4上 煤渗透率为 $0.11\sim6.84$ mD,4 煤渗透率为 $3.06\sim5.73$ mD。整体而言,该区煤层渗透率较好。

表 6-4 大佛寺煤矿各煤层渗透率测定结果表

煤层	钻孔	埋深/m	渗透率/mD
4上煤	DFS-C01	477.80	0.11
	DFS-C02	575.40	6.84
	DFS-C03	539.60	0.89
	DFS-C04	485.55	
4 煤	DFS-C01	513.30	5.73
	DFS-C02	596.10	3.55
	DFS-C03	567.60	3.08
	DFS-C04	499.45	3.06

综上所述:彬长矿区大佛寺煤矿属于低煤阶高瓦斯煤层,煤层瓦斯压力较

大,煤层气资源丰富。煤储层的宏观特征表明,煤体结构简单,煤层为原生-碎裂结构,储层渗透率较大,有利于煤层气运移和流动。因此,该区域宏观上适合进行煤层气抽采。

6.3　大佛寺煤矿煤的孔隙结构特征及其对煤层气吸附解吸的影响

上节中分析了大佛寺煤矿煤储层的宏观特征,表明该区域适合进行煤层气抽采,而抽采方式的选择则取决于煤的吸附解吸性能。因此,还需要具体分析大佛寺煤矿煤的孔隙结构特征及其对煤层气吸附解吸的影响。

6.3.1　孔径分布特征

由第 2 章中的压汞实验结果,可以得到大佛寺煤矿煤的孔径分布特征如图 6-1 所示。

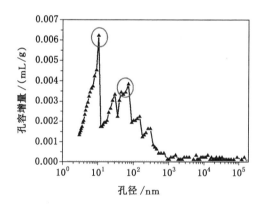

图 6-1　大佛寺煤矿煤的孔径分布

从图 6-1 中可以看出,大佛寺煤矿煤的孔径分布呈现双峰的特征,峰值分别出现在 10 nm 和 70 nm 左右,中孔和大孔所占的比例较大。结合液氮吸附实验,可以得到煤中不同孔径的孔所占的比例如图 6-2 所示,为了对比分析,图中还列出了部分中高阶煤的孔径分布。

从图 6-2 可知,大佛寺煤矿煤中大孔所占的比例达到 36.19%,中孔所占的比例高达 46.26%,而其他中高阶煤中大孔和中孔所占的比例相对较小。大佛寺煤矿煤中微孔所占的比例相对较小,根据第 5 章的研究结论,大佛寺煤矿煤对瓦斯的吸附能力较弱,在压力较低时,不容易吸附瓦斯。

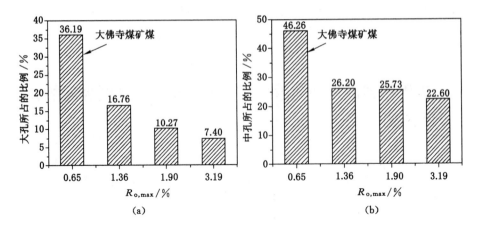

图 6-2 煤样中大孔和中孔所占的比例

(a) 大孔；(b) 中孔

6.3.2 孔隙类型

煤的孔隙类型主要结合液氮吸附-脱附实验曲线进行判断。大佛寺煤矿煤的液氮吸附-脱附曲线如图 6-3 所示。

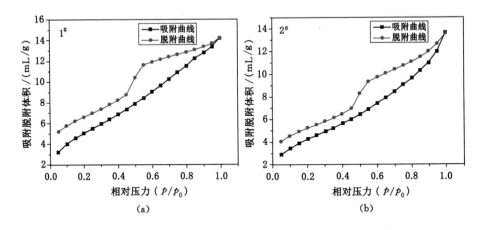

图 6-3 大佛寺煤矿煤的液氮吸附-脱附曲线

从图 6-3 可以看出，大佛寺煤矿煤的液氮吸附-脱附曲线存在明显的滞后现象，且在相对压力为 0.55 左右时，脱附曲线出现突降，说明煤中存在大量的墨水瓶形孔，在煤层气解吸时会造成滞后现象。结合第 2 章的分析，大佛寺煤矿煤的孔隙开放性较好，主要体现在其大孔的开放性上。根据第 4 章的计算结果，其解吸滞后系数达到了 21.55%,不利于煤层气的抽采,此时需要采取相应的措施破除瓶颈效应,促进煤层气的解吸。

综合以上分析可知,大佛寺煤矿煤中微孔所占的比例较小,中孔和大孔所占的比例较大,瓦斯吸附能力较弱。大佛寺煤矿煤特殊的孔隙结构对瓦斯的解吸表现为"阶段性控制":在高压解吸阶段,由于煤中存在大量的开放性大孔,煤中的瓦斯易解吸、易流动、易抽采;随着解吸的进行,解吸压力下降,由于煤中存在大量的墨水瓶形孔,产生瓶颈效应,导致瓦斯难解吸。因此,需要开发相应的抽采模式,在不同的阶段,采取不同的措施,实现煤层气的高效抽采。

6.4　低煤阶高瓦斯煤层煤层气高效抽采模式

根据大佛寺煤矿煤的孔隙结构特征,在进行煤层气抽采时,抽采初期瓦斯易解吸、易抽采,此时,可以通过地面钻井进行地面抽采,抽采解吸初期的高浓度瓦斯,实现区域性抽采;随着抽采的进行,由于墨水瓶形孔的存在,瓶颈效应开始显现,抽采浓度降低,抽采难度增大,此时需要配套相应的措施,如地面井水力压裂技术,或者在井下通过不同的钻孔施工方式来破除瓶颈效应,促进煤层气的解吸。

针对彬长矿区大佛寺煤矿低煤阶高瓦斯煤层的抽采难题,通过理论研究和工程实践,提出了"二三二"时空协同高效抽采模式,通过地面抽采与井下抽采在时间和空间上的有机结合,促进煤层气的高效解吸、抽采。抽采模式如图 6-4 所示。

"二三二"时空协同高效抽采模式的特点主要包括:

(1) 在空间上体现为井上下联合。通过实施地面钻井,抽采煤层初期解吸的高浓度瓦斯。地面钻井服务年限长,覆盖面积广,能够实现煤层气的区域性抽采,但由于地形因素和采掘部署的影响,会出现抽采盲区。此时,利用井下钻孔进行抽采,形成有效补充,完善抽采覆盖面,一方面可以消除抽采盲区,另一方面可以破除解吸的瓶颈效应,促进煤层气的解吸,进一步提高抽采效率。

(2) 在时间上体现为规划区实施地面预抽,准备区实施井上下联合抽采,生产区实施井下抽采。根据开采的时间顺序将煤层气抽采区域分为规划区、准备区和生产区。规划区属于原始煤层区域,实施地面井引导式高浓度抽采,采用垂直井和水平分支井相结合,在煤层内形成抽采覆盖面,并通过水力压裂强化增流,提高瓦斯抽采效果。规划区抽采煤层气浓度高,可以直接利用。随着矿井生产交替,规划区转变为准备区,此时,井下正进行开拓巷道的掘进,需及时调整抽采方案,在规划区地面预抽的基础上,利用千米钻机施工顺层水平长钻孔,贯通

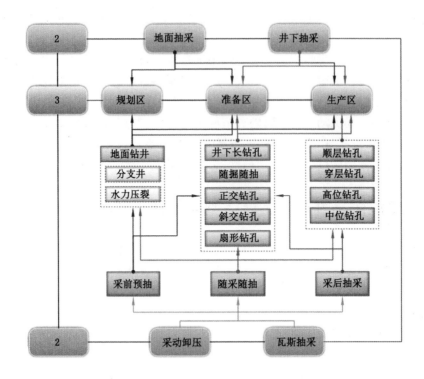

图 6-4 "二三二"时空协同抽采模式

已有的地面井压裂裂隙,构成立体抽采网络,通过设计不同的钻孔布置方式,有效破除煤层解吸的瓶颈效应。随着时间推移,准备区逐渐转变为生产区,地面抽采浓度下降,此时的抽采方式以井下钻孔抽采为主,通过实施不同类型的钻孔来实现煤层气抽采。

(3) 在方式上体现为采动卸压与瓦斯抽采相结合,采前预抽、随采随抽、采后抽采相结合。通过规划区和准备区的地面钻井进行采前预抽,抽取煤层初期易解吸的瓦斯。随着抽采和生产的进行,地面抽采浓度下降,井下钻孔抽采发挥作用,在开采的同时进行抽采。在工作面开采过后,由于采动的影响,煤层顶底板卸压、裂隙发育,被保护层解吸的瓶颈效应被解除,此时需要实施采后抽采,抽取被保护层中的卸压瓦斯。

通过上述抽采模式,可以实现煤层气的全方位抽采。前期,通过地面钻井抽取高浓度瓦斯,后期,通过井下钻孔和采用卸压破除解吸的瓶颈效应,抽取低浓度瓦斯,从而实现低阶煤煤层气的高效抽采。

6.5 本章小结

本章通过分析彬长矿区大佛寺煤矿的瓦斯赋存及储层特征,结合其孔隙结构特征,分析了大佛寺煤矿煤的瓦斯解吸机制,并在此基础上提出了低煤阶高瓦斯煤层高效抽采模式,得到的主要结论如下:

(1)彬长矿区大佛寺煤矿属于低煤阶高瓦斯煤层,煤层为原生-碎裂构造,煤层渗透率较高,具备良好的渗流条件,适合进行煤层气抽采。

(2)大佛寺煤矿煤中微孔所占的比例较小,瓦斯吸附能力较弱;中孔和大孔所占的比例较大。其特殊的孔隙结构对瓦斯的解吸表现为"阶段性控制":在高压解吸阶段,由于煤中存在大量的开放性大孔使煤中的瓦斯易解吸、易流动、易抽采;随着解吸的进行,解吸压力下降,由于煤中存在大量的墨水瓶形孔,产生瓶颈效应,导致瓦斯难解吸。

(3)"二三二"时空协同高效抽采模式的特点包括:在空间上体现为井上下联合;在时间上体现为规划区实施地面预抽,准备区实施井上下联合抽采,生产区实施井下抽采;在方式上体现为采动卸压与瓦斯抽采相结合,采前预抽、随采随抽、采后抽采相结合。

第7章　结论与展望

7.1　主要结论

本书主要从两个方面着手开展研究：① 借助压汞、液氮吸附、FTIR 等实验手段，研究煤的微观结构特征，主要包括煤的孔隙结构特征和表面官能团的分布特征；② 借助吸附解吸实验系统，研究煤层气的吸附解吸规律，分析影响煤层气吸附解吸的关键因素，探讨煤的微观结构特征对煤层气吸附解吸的控制机理。得到的主要结论如下：

（1）低阶煤的孔隙更加发育，其中含有大量的开放性孔隙，中孔和过渡孔占有较大的比例，孔隙间的连通性较好，有利于煤层气抽采；而中高阶煤中含有大量的半开放性过渡孔和微孔，孔隙之间的连通性较差。

（2）低阶煤中含有大量的墨水瓶形孔和楔形孔，而中高阶煤样中微孔所占的比例较大，孔隙类型多为圆筒形孔和狭缝形孔；随着变质程度的增加，煤样中微孔所占的比例逐渐增大。

（3）煤样的体积分形维数主要反映了煤中大孔和中孔的分形特征，低阶煤的孔隙率大，煤体可压缩性强，体积分形维数较大，甚至大于 3，中高阶煤样的体积分形维数相对较小；理论上，孔隙率随着体积分形维数的增大而减小。

（4）煤样在不同压力段的吸附作用机制不同，低压段（$p/p_0 \leqslant 0.5$）的分形维数被称为表面分形维数，高压段（$p/p_0 > 0.5$）的分形维数被称为结构分形维数；煤样组分中的水分、灰分和固定碳含量都会造成煤体表面和孔结构的不均一性，对分形维数产生影响；分形维数可以看作煤体组分复杂程度的综合体现。

（5）低阶煤中的羟基含量明显高于中高阶煤，其羟基类型主要为氢键、酚羟基和醇羟基，同时含有少量的自由羟基；中高阶煤中的羟基类型主要为酚羟基和醇羟基，自由羟基消失，在无烟煤中，羟基的含量非常少，基本消失。

（6）低阶煤中的 C＝O 官能团含量相对较高，且含有大量的羟基和一定量的羧基，在变质作用过程中，煤中的—OH 部分转化为 C—O 官能团，随着变质程度的进一步增大，C—O 官能团发生断裂、去氧，缩聚成芳环结构。

（7）随着变质程度的增加，V_L 呈先减小后增大的 U 形变化趋势，褐煤的吸附能力较差，其余低阶煤的最大吸附能力大于部分中阶煤（$1.0\% < R_{o,max} < 1.5\%$），小于高阶煤；低阶煤与甲烷的相互作用较弱，吸附量在低压区的增长速率较慢，难以达到饱和吸附。

（8）修正的 Langmuir 方程可以准确地反映煤样的解吸特征；低阶煤的理论解吸率和理论采收率均明显高于中高阶煤，随着变质程度的增加，煤样的解吸滞后系数增加，因此，尽管低阶煤的煤层气含量相对较低，但抽采效率较高，具有重要的开采意义。

（9）煤的最大吸附能力同时受中孔和微孔的影响，中孔和微孔的体积越大，煤的最大吸附能力越强；Langmuir 压力的大小主要受微孔所占比例的影响，微孔所占的比例越大，Langmuir 压力越小；煤的表面官能团对煤的吸附能力有重要影响，低阶煤由于含有大量的羟基和一定量的羧基官能团，使得其吸附能力减弱，Langmuir 压力增大。

（10）微孔所占的比例以及孔隙类型对煤层气的解吸有重要影响。微孔所占的比例越大，残余吸附量和解吸滞后系数越大，越不利于煤层气解吸；墨水瓶形孔由于其瓶颈效应，不利于煤层气解吸。

（11）表面分形维数和结构分形维数都会影响煤对煤层气的吸附能力：表面分形维数越大，煤的吸附能力越强；结构分形维数越大，煤的吸附能力越弱；表面分形维数对煤层气吸附能力的影响占主导作用；表面分形维数和结构分形维数对煤层气解吸的影响作用一致，分形维数越大，残余吸附量和解吸滞后系数越大，煤层气解吸越困难。

（12）煤层气吸附受孔径分布和表面官能团的共同控制，煤层气解吸受孔径分布和孔隙类型的共同控制；在对煤层气吸附解吸的控制中，孔径分布对煤层气吸附起主要控制作用，而在煤层气解吸时，孔隙类型占主导作用。

（13）彬长矿区大佛寺煤矿属于低煤阶高瓦斯煤层，煤层为原生-碎裂构造，煤层渗透率较高，具备良好的渗流条件。其特殊的孔隙结构对瓦斯的解吸表现为"阶段性控制"：在高压解吸阶段，由于煤中存在大量的开放性大孔，煤中的瓦斯易解吸、易流动、易抽采；随着解吸的进行，解吸压力下降，由于煤中存在大量的墨水瓶形孔，产生瓶颈效应，导致瓦斯难解吸。

（14）"二三二"时空协同高效抽采模式的特点包括：在空间上体现为井上下联合；在时间上体现为规划区实施地面预抽，准备区实施井上下联合抽采，生产区实施井下抽采；在方式上体现为采动卸压与瓦斯抽采相结合，采前预抽、随采随抽、采后抽采相结合。

7.2 展望

煤层气开采的基础研究工作正处于不断发展的阶段,煤的微观结构特征及其对煤层气吸附解吸的控制机理非常复杂,尽管本书取得了一定的研究成果,但由于理论基础和实验条件的限制,今后还需要在以下方面进一步完善:

(1)本书仅研究了煤解吸的最终状态,缺乏对解吸过程的动态实时监测,下一步应开展煤样解吸实验的实时监测。

(2)本书仅提出了低阶煤的抽采模式,缺乏现场应用的效果分析,下一步应与现场紧密结合,针对现场的实际情况,提出具体的实施方案。

参考文献

[1] 王庆一.中国能源现状与前景[J].中国煤炭,2005,31(2):22-27.

[2] 王立国.注气驱替深部煤层CH_4实验及驱替后特征痕迹研究[D].徐州:中国矿业大学,2013.

[3] 王社平.推进煤炭绿色开采亟需政策支持[N].中国能源报,2012-03-05(2).

[4] 张超.钻孔封孔段失稳机理分析及加固式动态密封技术研究[D].徐州:中国矿业大学,2014.

[5] 林柏泉,张建国.矿井瓦斯抽放理论与技术[M].徐州:中国矿业大学出版社,1996.

[6] 黄继广,马汉鹏,范春姣,等.我国煤矿安全事故统计分析及预测[J].陕西煤炭,2020,39(3):34-39.

[7] 李子文,林柏泉,郝志勇,等.煤体多孔介质孔隙度的分形特征研究[J].采矿与安全工程学报,2013,30(3):437-442,448.

[8] 赵伟,徐香通.晋城市郭庄煤矿瓦斯排放量调查[J].山西焦煤科技,2011(6):20-22,27.

[9] 冯明,陈力,徐承科,等.中国煤层气资源与可持续发展战略[J].资源科学,2007,29(3):100-104.

[10] 张代生.燃煤锅炉改烧低热值煤层气数值模拟与燃烧稳定性实验[D].重庆:重庆大学,2010.

[11] 苏天雄.浅谈我国低阶煤资源分布及其利用途径[J].广东化工,2012,39(6):133-134.

[12] 刘胖.中高阶烟煤对甲烷的吸附/解吸特征研究[D].西安:西安科技大学,2010.

[13] 乔军伟.低阶煤孔隙特征与解吸规律研究[D].西安:西安科技大学,2009.

[14] 宋岩,张新民,柳少波.中国煤层气基础研究和勘探开发技术新进展[J].天然气工业,2005,25(1):1-7.

[15] 周枫.沁水盆地煤层气储层岩石物理及物理模拟研究[D].南京:南京大学,2014.

[16] 赵孟军,宋岩,苏现波,等.沁水盆地煤层气藏演化的关键时期分析[J].科学通报,2005,50(增刊1):110-116.

[17] 张瑜.沁水盆地南部高阶煤产气机理与产气规律研究[D].重庆:重庆大学,2009.

[18] 袁文峰.沁水盆地南部煤层气排采预警参数研究[D].北京:中国矿业大学(北京),2014.

[19] 闫宝珍.沁水盆地煤层气富集机理及主控特征:以沁南箕状带为例[D].北京:中国矿业大学(北京),2008.

[20] 魏韦.沁水盆地煤层气井产能预测研究[D].青岛:中国石油大学(华东),2010.

[21] 王勃.沁水盆地煤层气富集高产规律及有利区块预测评价[D].徐州:中国矿业大学,2013.

[22] 秦勇,姜波,王继尧,等.沁水盆地煤层气构造动力条件耦合控藏效应[J].地质学报,2008,82(10):1355-1362.

[23] 蒋达源,文志刚,何文祥.沁水盆地煤层气地质研究进展[J].重庆科技学院学报(自然科学版),2013,15(6):70-74.

[24] 赵东,赵阳升,冯增朝.结合孔隙结构分析注水对煤体瓦斯解吸的影响[J].岩石力学与工程学报,2011,30(4):686-692.

[25] 屈争辉.构造煤结构及其对瓦斯特性的控制机理研究[J].煤炭学报,2011,36(3):533-534.

[26] 孟宪明.煤孔隙结构和煤对气体吸附特性研究[D].青岛:山东科技大学,2007.

[27] 罗维.双重孔隙结构煤体瓦斯解吸流动规律研究[D].北京:中国矿业大学(北京),2013.

[28] 李希建.贵州突出煤理化特性及其对甲烷吸附的分子模拟研究[D].徐州:中国矿业大学,2013.

[29] 周健.CO、CO_2 和 CH_4 气体在煤表面吸附特性的量子化学研究[D].阜新:辽宁工程技术大学,2012.

[30] 冯艳艳,黄利宏,储伟.表面改性对煤基活性炭及其甲烷吸附性能的影响[J].煤炭学报,2011,36(12):2080-2085.

[31] 曹艳,龙胜祥,李辛子,等.国内外煤层气开发状况对比研究的启示[J].新疆石油地质,2014,35(1):109-113.

[32] 严绪朝,郝鸿毅,等.国外煤层气的开发利用状况及其技术水平[J].石油科技论坛,2007(6):24-30.

[33] 王希耘,董秀成,皮光林.我国煤层气资源开发现状及对策研究[J].中外企业家,2012(10):11-14.

[34] 孙欣,刘文革,孙庆刚.澳大利亚煤矿区煤层气开发利用现状及中澳合作前景[J].中国煤层气,2006,3(4):6-9,43.

[35] 傅小康,霍永忠,胡爱梅,等.美国低阶煤煤层气的勘探开发现状[J].中国煤炭,2006,32(5):75-76,41.

[36] 冯三利,胡爱梅,霍永忠,等.美国低阶煤煤层气资源勘探开发新进展[J].天然气工业,2003,23(2):124-126.

[37] 王一兵,赵双友,刘红兵,等.中国低煤阶煤层气勘探探索:以沙尔湖凹陷为例[J].天然气工业,2004,24(5):21-23,29.

[38] 傅小康.中国西部低阶煤储层特征及其勘探潜力分析[D].北京:中国地质大学(北京),2006.

[39] 赵庆波.煤层气地质与勘探技术[M].北京:石油工业出版社,1999.

[40] 孙茂远,黄盛初,等.煤层气开发利用手册[M].北京:煤炭工业出版社,1998.

[41] 黄盛初.美国煤层气地面钻井开发技术[J].中国煤层气,1995(2):25-30.

[42] 马永峰.美国西部盆地煤层气钻井和完井技术[J].石油钻采工艺,2003,25(4):32-34,84.

[43] 张华珍,王利鹏,刘嘉.煤层气开发技术现状及发展趋势[J].石油科技论坛,2013(5):17-21,27.

[44] 黄洪春,卢明,申瑞臣.煤层气定向羽状水平井钻井技术研究[J].天然气工业,2004,24(5):76-78.

[45] 李景明,超海燕,刘洪林,等.中国煤层气勘探重点区及新技术[C]//2008年中国油气论坛——天然气专题研讨会论文集.[S.l.]:[s.n.],2008:143-148.

[46] 杜玉娥.煤的孔隙特征对煤层气解吸的影响[D].西安:西安科技大学,2010.

[47] 刘飞.山西沁水盆地煤岩储层特征及高产富集区评价[D].成都:成都理工大学,2007.

[48] 刘人和,刘飞,周文,等.沁水盆地煤岩储层特征及有利区预测[J].油气地质与采收率,2008,15(4):16-19.

[49] 王南,裴玲,雷丹凤,等.中国非常规天然气资源分布及开发现状[J].油气地质与采收率,2015,22(1):26-31.

[50] 张国良,贾高龙.鄂尔多斯盆地东缘煤层气地质及勘探开发方向[J].中国煤层气,2004,1(1):17-20.

[51] 刘新社,席胜利,周焕顺.鄂尔多斯盆地东部上古生界煤层气储层特征[J].

煤田地质与勘探,2007,35(1):37-40.

[52] 黄兆辉.高阶煤层气储层测井评价方法及其关键问题研究[D].北京:中国地质大学(北京),2014.

[53] 戴林.煤层气井水力压裂设计研究[D].荆州:长江大学,2012.

[54] 张冬丽.煤层气定向羽状水平井开采数值模拟方法研究[D].北京:中国科学院,2004.

[55] 宋丽平.煤层气井排水采气工艺技术研究[D].青岛:中国石油大学(华东),2011.

[56] 何悦.我国低阶煤煤层气勘探开发技术实现突破[N].中国矿业报,2012-01-05(A03).

[57] 许亚坤.构造煤的微观和超微观结构特征研究[D].焦作:河南理工大学,2010.

[58] 戚灵灵,王兆丰,杨宏民,等.基于低温氮吸附法和压汞法的煤样孔隙研究[J].煤炭科学技术,2012,40(8):36-39,87.

[59] 李旭.不同变质程度煤比表面积与吸附特征关系的研究[D].北京:煤炭科学研究总院,2007.

[60] 程庆迎.低透煤层水力致裂增透与驱赶瓦斯效应研究[D].徐州:中国矿业大学,2012.

[61] OKOLO G N,EVERSON R C,NEOMAGUS H W J P,et al.Comparing the porosity and surface areas of coal as measured by gas adsorption,mercury intrusion and SAXS techniques[J].Fuel,2015,141:293-304.

[62] AKBARZADEH H,CHALATURNYK R J.Structural changes in coal at elevated temperature pertinent to underground coal gasification:A review [J].International journal of coal geology,2014,131:126-146.

[63] LI W,ZHU Y M,CHEN S B,et al.Research on the structural characteristics of vitrinite in different coal ranks[J].Fuel,2013,107:647-652.

[64] CLARKSON C R,MARC B R.Variation in micropore capacity and size distribution with composition in bituminous coal of the Western Canadian Sedimentary Basin:Implications for coalbed methane potential[J].Fuel,1996,75(13):1483-1498.

[65] CAI Y D,LIU D M,PAN Z J,et al.Pore structure and its impact on CH_4 adsorption capacity and flow capability of bituminous and subbituminous coals from Northeast China[J].Fuel,2013,103:258-268.

[66] BUDAEVA A D,ZOLTOEV E V. Porous structure and sorption

properties of nitrogen-containing activated carbon[J].Fuel,2010,89(9): 2623-2627.

[67] ZHAO H L,BAI Z Q,BAI J,et al.Effect of coal particle size on distribution and thermal behavior of pyrite during pyrolysis[J].Fuel,2015,148: 145-151.

[68] TAKAGI H,MARUYAMA K,YOSHIZAWA N,et al.XRD analysis of carbon stacking structure in coal during heat treatment[J].Fuel,2004,83 (17/18):2427-2433.

[69] BORAL P,VARMA A K,MAITY S.X-ray diffraction studies of some structurally modified Indian coals and their correlation with petrographic parameters[J].Current science,2015,108(3):384-394.

[70] TENG L H,TANG T D.IR study on surface chemical properties of catalytic grown carbon nanotubes and nanofibers[J].Journal of Zhejiang University science A,2008,9(5):720-726.

[71] FLORES D,SUAREZ-RUIZ I,IGLESIAS M J,et al.FTIR study of Rio Maior lignites (Portugal): Organic matter composition in functional groups[M].Taiyuan:Shanxi Science & Technology Press,1999.

[72] MUIRHEAD D K,PARNELL J,TAYLOR C,et al.A kinetic model for the thermal evolution of sedimentary and meteoritic organic carbon using Raman spectroscopy[J].Journal of analytical and applied pyrolysis,2012, 96:153-161.

[73] GUEDES A,VALENTIM B,PRIETO A C,et al.Raman spectroscopy of coal macerals and fluidized bed char morphotypes[J].Fuel,2012,97: 443-449.

[74] ZHOU B,ZHOU H,WANG J,et al. Effect of temperature on the sintering behavior of Zhundong coal ash in oxy-fuel combustion atmosphere[J].Fuel,2015,150:526-537.

[75] LIU L,CAO Y,LIU Q C.Kinetics studies and structure characteristics of coal char under pressurized CO_2 gasification conditions[J]. Fuel, 2015, 146:103-110.

[76] LEE G J,PYUN S I,RHEE C K.Characterisation of geometric and structural properties of pore surfaces of reactivated microporous carbons based upon image analysis and gas adsorption[J].Microporous and mesoporous materials,2006,93(1/2/3):217-225.

[77] RADLINSKI A P,MASTALERZ M,HINDE A L,et al.Application of SAXS and SANS in evaluation of porosity,pore size distribution and surface area of coal[J].International journal of coal geology,2004,59(3/4): 245-271.

[78] ZHAO Y X,LIU S M,ELSWORTH D,et al.Pore structure characterization of coal by synchrotron small-angle X-ray scattering and transmission electron microscopy[J].Energy & fuels,2014,28(6):3704-3711.

[79] KARACAN C O,OKANDAN E.Adsorption and gas transport in coal microstructure:investigation and evaluation by quantitative X-ray CT imaging[J].Fuel,2001,80(4):509-520.

[80] JU Y W,JIANG B,HOU Q L,et al.^{13}C NMR spectra of tectonic coals and the effects of stress on structural components[J].Science in China series D:Earth sciences,2005,48(9):1418-1437.

[81] MATHEWS J P,FERNANDEZ-ALSO V,JONES A D,et al.Determining the molecular weight distribution of Pocahontas No.3 low-volatile bituminous coal utilizing HRTEM and laser desorption ionization mass spectra data[J].Fuel,2010,89(7):1461-1469.

[82] SOLUM M S,SAROFIM A F,PUGMIRE R J,et al.^{13}C NMR analysis of soot produced from model compounds and a coal[J].Energy & fuels, 2001,15(4):961-971.

[83] JIAO T T,LI C S,ZHUANG X L,et al.The new liquid-liquid extraction method for separation of phenolic compounds from coal tar[J].Chemical engineering journal,2015,266:148-155.

[84] CLOSE C J.Natural fracture in coal[J].AAPG,1993:119-132.

[85] GAMSON P, BEAMISH B, JOHNSON D. Coal microstructure and secondary mineralization:their effect on methane recovery[J].Geological society of London special publications,1996,109(1):165-179.

[86] 吴俊.中国煤成烃基本理论与实践[M].北京:煤炭工业出版社,1994.

[87] KIRSTIN T.An investigation into the pore size distribution of coal using mercury porosimetry and the effect that stress has on this distribution [M].Queensland:The University of Queensland,2000.

[88] 袁静.松辽盆地东南隆起区上侏罗统孔隙特征及影响因素[J].煤田地质与 勘探,2004,32(2):7-10.

[89] 张素新,肖红艳.煤储层中微孔隙和微裂隙的扫描电镜研究[J].电子显微学

报,2000,19(4):531-532.

[90] 刘先贵,刘建军.降压开采对低渗储层渗透性的影响[J].重庆大学学报(自然科学版),2000,23(增刊):93-96.

[91] MICHAEL O.A constitutive theory for the inelastic behavior of concrete [J].Mechanics of materials,1985,4(1):67-93.

[92] 卢平,沈兆武,朱贵旺,等.岩样应力应变全程中的渗透性表征与试验研究 [J].中国科学技术大学学报,2002,32(6):678-684.

[93] 李祥春,郭勇义,吴世跃.煤吸附膨胀变形与孔隙率、渗透率关系的分析[J]. 太原理工大学学报,2005,36(3):264-266.

[94] CLARKSON C R,BUSTIN R M. Binary gas adsorption/desorption isotherms:effect of moisture and coal composition upon carbon dioxide selectivity over methane[J].International journal of coal geology,2000,42 (4):241-271.

[95] XU S Q,ZHOU Z J,YU G S,et al.Effects of pyrolysis on the pore structure of four Chinese coals[J].Energy & fuels,2010,24(2):1114-1123.

[96] 王聪,江成发,储伟.煤的分形维数及其影响因素分析[J].中国矿业大学学 报,2013,42(6):1009-1014.

[97] PYUN S I,RHEE C K.An investigation of fractal characteristics of mesoporous carbon electrodes with various pore structures[J].Electrochimica acta,2004,49(24):4171-4180.

[98] JI H J,LI Z H,YANG Y L,et al.Effects of organic micromolecules in coal on its pore structure and gas diffusion characteristics[J]. Transport in porous media,2015,107(2):419-433.

[99] CHEN X D,ZHOU J K,DING N.Fractal characterization of pore system evolution in cementitious materials[J].KSCE journal of civil engineering, 2015,19(3):719-724.

[100] KANDAS A W,SENEL I G,LEVENDIS Y,et al.Soot surface area evolution during air oxidation as evaluated by small angle X-ray scattering and CO_2 adsorption[J].Carbon,2005,43(2):241-251.

[101] YAO Y B,LIU D M,TANG D Z,et al.Fractal characterization of adsorption-pores of coals from North China:An investigation on CH_4 adsorption capacity of coals[J].International journal of coal geology,2008, 73(1):27-42.

[102] EL SHAFEI G M S,PHILIP C A,MOUSSA N A.Fractal analysis of

hydroxyapatite from nitrogen isotherms[J].Journal of colloid and interface science,2004,277(2):410-416.

[103] KANEKO K,SATO M,SUZUKI T,et al.Surface fractal dimension of microporous carbon fibres by nitrogen adsorption[J].Journal of the chemical society faraday transactions,1991,87(1):179-184.

[104] RUDZINSKI W,LEE S-L,PANCZYK T,et al.A fractal approach to adsorption on heterogeneous solids surfaces.2.Thermodynamic analysis of experimental adsorption data[J].The journal of physical chemistry B,2001,105(44):10857-10866.

[105] QI H,MA J,WONG P Z.Adsorption isotherms of fractal surfaces[J].Colloids and surfaces A:Physicochemical and engineering aspects,2002,206(1/2/3):401-407.

[106] KHALILI N R,PAN M,SANDÍ G.Determination of fractal dimensions of solid carbons from gas and liquid phase adsorption isotherms[J].Carbon,2000,38(4):573-588.

[107] XU L J,ZHANG D J,XIAN X F.Fractal dimensions of coals and cokes[J].Journal of colloid and interface science,1997,190(2):357-359.

[108] 傅雪海,秦勇,薛秀谦,等.煤储层孔、裂隙系统分形研究[J].中国矿业大学学报(自然科学版),2001,30(3):225-228.

[109] 傅雪海,秦勇,张万红,等.基于煤层气运移的煤孔隙分形分类及自然分类研究[J].科学通报,2005,50(增刊Ⅰ):51-55.

[110] 王文峰,徐磊,傅雪海.应用分形理论研究煤孔隙结构[J].中国煤田地质,2002,14(2):26-27,33.

[111] 江丙友,林柏泉,吴海进,等.煤岩超微孔隙结构特征及其分形规律研究[J].湖南科技大学学报(自然科学版),2010,25(3):15-18,28.

[112] 邓英尔,黄润秋.岩石的渗透率与孔隙体积及迂曲度分形分析[M]//中国岩石力学与工程学会.西部大开发中的岩石力学与工程问题:抓住机遇、迎接挑战、促进发展.北京:科学出版社,2004:264-268.

[113] 韦江雄,余其俊,曾小星,等.混凝土中孔结构的分形维数研究[J].华南理工大学学报(自然科学版),2007,35(2):121-124.

[114] 荆雯.甲烷在构造煤中吸附和扩散的分子模拟[D].太原:太原理工大学,2010.

[115] LU L,SAHAJWALLA V,KONG C,et al.Quantitative X-ray diffraction analysis and its application to various coals[J].Carbon,2001,39(12):

1821-1833.

[116] SAIKIA B K,BORUAH R K.X-ray structural analysis of some Indian coals[C]//BIN M,ABDUL A.Neutron and X-ray scattering in advancing materials research.[S.l.]:AIP Publishing,2009.

[117] 姜波,秦勇,宋党育,等.高煤级构造煤的 XRD 结构及其构造地质意义[J].中国矿业大学学报,1998,27(2):115-118.

[118] 张代钧,徐龙君,陈昌国,等.用 X 射线径向分布函数法(RDF)研究煤中碳原子层的堆垛结构[J].燃料化学学报,1997,25(4):368-372.

[119] 徐龙君,鲜学福,刘成伦,等.用 X 射线衍射和 FTIR 光谱研究突出区煤的结构[J].重庆大学学报(自然科学版),1999,22(4):23-27,33.

[120] 罗陨飞,李文华.中低变质程度煤显微组分大分子结构的 XRD 研究[J].煤炭学报,2004,29(3):338-341.

[121] 李小明,曹代勇,张守仁,等.构造煤与原生结构煤的显微傅立叶红外光谱特征对比研究[J].中国煤田地质,2005,17(3):9-11.

[122] 刘先建,范肖南,武建军,等.溶胀煤的红外光谱及热重分析研究[J].安徽理工大学学报(自然科学版),2005,25(1):48-52,61.

[123] DELA R L,PRUSKI M,LANG D,et al.Characterization of the Argonne premium coals by using hydrogen-1 and carbon-13 NMR and FT-IR spectroscopies[J].Energy & fuels,1992,6(4):460-468.

[124] ALEMANY L B,GRANT D M,PUGMIRE R J,et al. Solid state magnetic resonance spectra of Illinois No. 6 coal and some reductive alkylation products[J].Fuel,1984,63(4):513-521.

[125] GIROUX L,CHARLAND J P,MACPHEE J A.Application of thermogravimetric Fourier transform infrared spectroscopy (TG-FTIR) to the analysis of oxygen functional groups in coal[J].Energy & fuels,2006,20(5):1988-1996.

[126] LI Z S, FREDERICKS P M, RINTOUL L, et al. Application of attenuated total reflectance micro-Fourier transform infrared (ATR-FT-IR) spectroscopy to the study of coal macerals:Examples from the Bowen Basin,Australia[J].International journal of coal geology,2007,70(1/2/3):87-94.

[127] STRYDOM C A,BUNT J R,SCHOBERT H H,et al.Changes to the organic functional groups of an inertinite rich medium rank bituminous coal during acid treatment processes[J].Fuel process technology,2011,

92(4):764-770.

[128] CHEN Y Y,MASTALERZ M,SCHIMMELMANN A.Characterization of chemical functional groups in macerals across different coal ranks via micro-FTIR spectroscopy[J].International journal of coal geology,2012, 104:22-33.

[129] 冯杰,李文英,谢克昌.傅立叶红外光谱法对煤结构的研究[J].中国矿业大学学报,2002,31(5):362-366.

[130] 朱学栋,朱子彬.红外光谱定量分析煤中脂肪碳和芳香碳[J].曲阜师范大学学报,2001,27(4):64-67.

[131] 朱学栋,朱子彬,韩崇家,等.煤中含氧官能团的红外光谱定量分析[J].燃料化学学报,1999,27(4):335-339.

[132] 于洪观,范维唐,孙茂远,等.煤中甲烷等温吸附模型的研究[J].煤炭学报, 2004,29(4):463-467.

[133] 周学永,周鑫.由 Langmuir 方程计算标准吸附平衡常数[J].大学化学, 2013,28(6):50-53.

[134] LANGMUIR I.The constitution and fundamental properties of solids and liquids.Part Ⅰ.Solids[J].Journal of the American chemical society, 1916,38(11):2221-2295.

[135] BRUNAUER S,EMMETT P H,TELLER E.Adsorption of gases in multimolecular layers[J].Journal of the American chemical society, 1938,60(2):309-319.

[136] JOUBERT J I,GREIN C T,BIENSTOCK D.Sorption of methane in moist coal[J].Fuel,1973,52(3):181-185.

[137] OTTIGER S,PINI R,STORTI G,et al.Measuring and modeling the competitive adsorption of CO_2,CH_4,and N_2 on a dry coal[J].Langmuir, 2008,24(17):9531-9540.

[138] CHARRIÉRE D,BEHRA P.Water sorption on coals[J].Journal of colloid and interface science,2010,344:460-467.

[139] CLARKSON C R,BUSTIN R M,LEVY J H.Application of the mono/ multilayer and adsorption potential theories to coal methane adsorption isotherms at elevated temperature and pressure[J].Carbon,1997,35 (12):1689-1705.

[140] 吴俊.煤表面能的吸附法计算及研究意义[J].煤田地质与勘探,1994,22 (2):18-23.

[141] 秦勇,唐修义,叶建平,等.中国煤层甲烷稳定碳同位素分布与成因探讨 [J].中国矿业大学学报,2000,29(2):113-119.

[142] 辜敏,陈昌国,鲜学福.混合气体的吸附特征[J].天然气工业,2001,21(4): 91-94.

[143] 蔺金太,郭勇义,吴世跃.煤层气注气开采中煤对不同气体的吸附作用[J]. 太原理工大学学报,2001,32(1):18-20.

[144] 陈昌国,鲜晓红,张代钧,等.微孔填充理论研究无烟煤和炭对甲烷的吸附 特性[J].重庆大学学报(自然科学版),1998,21(2):75-79.

[145] 尹帅,丁文龙,刘建军,等.基于微孔充填模型的页岩储层吸附动力学特征 分析[J].高校地质学报,2014,20(4):635-641.

[146] 张群,崔永君,钟玲文,等.煤吸附甲烷的温度-压力综合吸附模型[J].煤炭 学报,2008,33(11):1272-1278.

[147] 姜伟,吴财芳,姜玮,等.吸附势理论在煤层气吸附解吸研究中的应用[J]. 煤炭科学技术,2011,39(5):102-104.

[148] 李子文,林柏泉,郝志勇,等.煤体孔径分布特征及其对瓦斯吸附的影响 [J].中国矿业大学学报,2013,42(6):1047-1053.

[149] LAXMINARAYANA C,CROSDALE P J.Controls on methane sorption capacity of Indian coals[J].AAPG bulletin,2002,86(2):201-212.

[150] 张庆玲.煤储层条件下水分——平衡水分测定方法研究[J].煤田地质与勘 探,1999,27(4):25-28.

[151] 钟玲文,张新民.煤的吸附能力与其煤化程度和煤岩组成间的关系[J].煤 田地质与勘探,1990(4):29-35,71,4.

[152] WENIGER P, KALKREUTH W, BUSCH A, et al. High-pressure methane and carbon dioxide sorption on coal and shale samples from the Paraná Basin, Brazil[J]. International journal of coal geology, 2010, 84(3/4):190-205.

[153] LAXMINARAYANA C,CROSDALE P J.Role of coal type and rank on methane sorption characteristics of Bowen Basin, Australia coals[J]. International journal of coal geology,1999,40(4):309-325.

[154] BUSTIN R M,CLARKSON C R.Geological controls on coalbed methane reservoir capacity and gas content[J]. International journal of coal geology,1998,38(1/2):3-26.

[155] MASTALERZ M, GLUSKOTER H, RUPP J. Carbon dioxide and methane sorption in high volatile bituminous coals from Indiana, USA

[J].International journal of coal geology,2004,60(1):43-55.

[156] FAIZ M,SAGHAFI A,SHERWOOD N,et al. The influence of petrological properties and burial history on coal seam methane reservoir characterisation,Sydney Basin,Australia[J].International journal of coal geology,2007,70(1/2/3):193-208.

[157] 刘高峰.高温高压三相介质煤吸附瓦斯机理与吸附模型[D].焦作:河南理工大学,2011.

[158] 张群,杨锡禄.平衡水分条件下煤对甲烷的等温吸附特性研究[J].煤炭学报,1999,24(6):566-570.

[159] 周荣福,傅雪海,秦勇,等.我国煤储层等温吸附常数分布规律及其意义[J].煤田地质与勘探,2000,28(5):23-26.

[160] 秦勇.中国煤层气地质研究进展与述评[J].高校地质学报,2003,9(3):339-358.

[161] 艾鲁尼.煤矿瓦斯动力现象的预测和预防[M].唐修义,宋德淑,王荣龙,译.北京:煤炭工业出版社,1992.

[162] 陈萍,唐修义.低温氮吸附法与煤中微孔隙特征的研究[J].煤炭学报,2001,26(5):552-556.

[163] 钟玲文,张慧,员争荣,等.煤的比表面积、孔体积及其对煤吸附能力的影响[J].煤田地质与勘探,2002,30(3):26-28.

[164] KROOSS B M,VAN BERGEN F,GENSTERBLUM Y,et al.High-pressure methane and carbon dioxide adsorption on dry and moisture-equilibrated Pennsylvanian coals[J].International journal of coal geology,2002,51(2):69-92.

[165] 桑树勋,秦勇,郭晓波,等.准噶尔和吐哈盆地侏罗系煤层气储集特征[J].高校地质学报,2003,9(3):365-372.

[166] 范章群.煤层气解吸研究的现状及发展趋势[J].中国煤层气,2008,5(4):6-10.

[167] 刘曰武,苏中良,方虹斌,等.煤层气的解吸/吸附机理研究综述[J].油气井测试,2010,19(6):37-44.

[168] 原德胜.低阶煤层瓦斯解吸渗流及其对瓦斯抽采的控制机制[D].徐州:中国矿业大学,2018.

[169] 切尔诺夫,罗赞采夫.瓦斯突出危险煤层井田的准备[M].宋世钊,于不凡,译.北京:煤炭工业出版社,1980.

[170] 杨利平.外界环境自由水对煤样瓦斯解吸规律影响的实验研究[J].煤矿开

采,2013,18(6):10-11,22.

[171] 李耀谦,刘国磊.煤中水含量对瓦斯吸附与解吸特性影响规律研究[J].工矿自动化,2015,41(6):74-77.

[172] 李晓华.水分对阳泉 3 号煤层瓦斯解吸规律影响的实验研究[D].焦作:河南理工大学,2010.

[173] 肖知国,孟雷庭.煤层注水抑制瓦斯解吸效应试验研究[J].安全与环境学报,2015,15(2):55-59.

[174] 张时音,桑树勋.不同煤级煤层气吸附扩散系数分析[J].中国煤炭地质,2009,21(3):24-27.

[175] 陈攀.水分对构造煤瓦斯解吸规律影响的实验研究[D].焦作:河南理工大学,2010.

[176] 李寨东,姬玉平,刘坤鹏.水分对二$_2$煤层瓦斯吸附解吸规律的实验研究[J].煤,2012,21(5):4-7,30.

[177] 赵东,冯增朝,赵阳升.煤层瓦斯解吸影响因素的试验研究[J].煤炭科学技术,2010,38(5):43-46.

[178] 牟俊惠,程远平,刘辉辉.注水煤瓦斯放散特性的研究[J].采矿与安全工程学报,2012,29(5):746-749.

[179] 陈向军.外加水分对煤的瓦斯解吸动力学特性影响研究[D].徐州:中国矿业大学,2013.

[180] 杨其銮.关于煤屑瓦斯放散规律的试验研究[J].煤矿安全,1987(2):9-16,58.

[181] 曹垚林,仇海生.碎屑状煤芯瓦斯解吸规律研究[J].中国矿业,2007,16(12):119-123.

[182] 侯锦秀.煤结构与煤的瓦斯吸附放散特性[D].焦作:河南理工大学,2009.

[183] 贾彦楠,温志辉,魏建平.不同粒度煤样的瓦斯解吸规律实验研究[J].煤矿安全,2013,44(7):1-3.

[184] 刘彦伟,刘明举.粒度对软硬煤粒瓦斯解吸扩散差异性的影响[J].煤炭学报,2015,40(3):579-587.

[185] 陈向军,贾东旭,王林.煤解吸瓦斯的影响因素研究[J].煤炭科学技术,2013,41(6):50-53.

[186] 富向,王魁军,杨天鸿.构造煤的瓦斯放散特征[J].煤炭学报,2008,33(7):775-779.

[187] 史广山,魏风清,高志扬.煤粒瓦斯解吸温度变化影响因素及与突出的关系研究[J].安全与环境学报,2015,15(5):78-81.

[188] 李宏.环境温度对颗粒煤瓦斯解吸规律的影响实验研究[D].焦作:河南理工大学,2011.

[189] 李志强,段振伟,景国勋.不同温度下煤粒瓦斯扩散特性试验研究与数值模拟[J].中国安全科学学报,2012,22(4):38-42.

[190] 王轶波,李红涛,齐黎明.低温条件下煤体瓦斯解吸规律研究[J].中国煤炭,2011,37(5):103-104.

[191] 王兆丰,康博,岳高伟,等.低温环境无烟煤瓦斯解吸特性研究[J].河南理工大学学报(自然科学版),2014,33(6):705-709.

[192] 娄秀芳,王兆丰,董庆祥.低温条件下瓦斯解吸规律数值模拟[J].煤炭技术,2015,34(4):156-158.

[193] 谭学术,鲜学福,张广洋,等.煤的渗透性研究[J].西安矿业学院学报,1994(1):22-25,21.

[194] 王宏图,杜云贵,鲜学福,等.地电场对煤中瓦斯渗流特性的影响[J].重庆大学学报(自然科学版),2000,23(增刊):22-24.

[195] 李成武,雷东记.静电场对煤放散瓦斯特性影响的实验研究[J].煤炭学报,2012,37(6):962-966.

[196] 刘保县,熊德国,鲜学福.电场对煤瓦斯吸附渗流特性的影响[J].重庆大学学报(自然科学版),2006,29(2):83-85.

[197] 何学秋.交变电磁场对煤吸附瓦斯特性的影响[J].煤炭学报,1996,21(1):63-67.

[198] 何学秋,张力.外加电磁场对瓦斯吸附解吸的影响规律及作用机理的研究[J].煤炭学报,2000,25(6):614-618.

[199] 聂百胜,何学秋,王恩元,等.电磁场影响煤层甲烷吸附的机理研究[J].天然气工业,2004,24(10):32-34.

[200] 易俊,姜永东,鲜学福,等.超声热效应促进煤层瓦斯解吸扩散数值模拟[J].重庆建筑大学学报,2008,30(4):99-104.

[201] 易俊.声震法提高煤层气抽采率的机理及技术原理研究[D].重庆:重庆大学,2007.

[202] 姜永东,鲜学福,刘占芳.声震法提高煤储层渗透率的实验与机理[J].辽宁工程技术大学学报(自然科学版),2009,28(增刊):236-239.

[203] 宋晓.声波作用下煤层气吸附解吸特性研究[D].重庆:重庆大学,2014.

[204] 姜永东,宋晓,刘浩,等.大功率声波作用下煤层气吸附特性及其模型[J].煤炭学报,2014,39(增刊1):152-157.

[205] 吴仕贵,孙仁远,张建山,等.一种利用超声波提高煤层气产率的方法及装

置[P].2012-06-27.

[206] 李树刚,赵勇,张天军.基于低频振动的煤样吸附/解吸特性测试系统[J].煤炭学报,2010,35(7):1142-1146.

[207] 李树刚,赵勇,张天军,等.低频振动对煤样解吸特性的影响[J].岩石力学与工程学报,2010,29(增刊2):3562-3568.

[208] 赵勇,李树刚,潘宏宇.低频振动对煤解吸吸附瓦斯特性分析[J].西安科技大学学报,2012,32(6):682-685.

[209] 董全.泥浆介质中煤的粒度对瓦斯解吸规律的影响[J].能源技术与管理,2012(2):62-63.

[210] 王兆丰.空气、水和泥浆介质中煤的瓦斯解吸规律与应用研究[D].徐州:中国矿业大学,2001.

[211] 孙锐.泥浆介质非等压条件下煤芯瓦斯解吸规律研究[D].焦作:河南理工大学,2010.

[212] 袁军伟,王兆丰,杨宏民.变压力条件下水介质中煤芯瓦斯解吸理论方程探讨[J].煤炭工程,2010(1):75-76.

[213] 秦玉金.地勘取芯过程中煤的瓦斯解吸规律研究[J].山东科技大学学报(自然科学版),2011,30(5):1-5.

[214] HOL S,PEACH C J,SPIERS C J.Applied stress reduces the CO_2 sorption capacity of coal[J].International journal of coal geology,2011,85(1):128-142.

[215] 唐巨鹏,潘一山,李成全,等.三维应力作用下煤层气吸附解吸特性实验[J].天然气工业,2007,27(7):35-38.

[216] 唐巨鹏,潘一山,李成全,等.固流耦合作用下煤层气解吸-渗流实验研究[J].中国矿业大学学报,2006,35(2):274-278.

[217] 李小春,付旭,方志明,等.有效应力对煤吸附特性影响的试验研究[J].岩土力学,2013,34(5):1247-1252.

[218] 俞启香,程远平.矿井瓦斯防治[M].徐州:中国矿业大学出版社,2012.

[219] 冯增朝.低渗透煤层瓦斯强化抽采理论及应用[M].北京:科学出版社,2008.

[220] ZHANG X D,DU Z G,LI P P.Physical characteristics of high-rank coal reservoirs in different coal-body structures and the mechanism of coalbed methane production [J].Science China-earth sciences,2017,60(2):246-255.

[221] MENDHE V A,BANNERJEE M,VARMA A K,et al.Fractal and pore

dispositions of coal seams with significance to coalbed methane plays of East Bokaro, Jharkhand, India [J]. Journal of natural gas science and engineering,2017,38:412-433.

[222] FU H J,TANG D Z,XU T,et al.Characteristics of pore structure and fractal dimension of low-rank coal:A case study of Lower Jurassic Xishanyao coal in the southern Junggar Basin, NW China [J]. Fuel, 2017,193:254-264.

[223] 于不凡.煤和瓦斯突出机理[M].北京:煤炭工业出版社,1985.

[224] 中国矿业学院瓦斯组.煤和瓦斯突出的防治[M].北京:煤炭工业出版社,1979.

[225] GAN H,NANDI S P,WALKER JR P L.Nature of the porosity in American coals [J].Fuel,1972,51(4):272-277.

[226] 郝琦.煤的显微孔隙形态特征及其成因探讨[J].煤炭学报,1987(4):51-56.

[227] 李强,欧成华,徐乐,等.我国煤岩储层孔—裂隙结构研究进展[J].煤, 2008,17(7):1-3,29.

[228] 张慧,王晓刚.煤的显微构造及其储集性能[J].煤田地质与勘探,1998,26 (6):33-36.

[229] 霍多特.煤与瓦斯突出[M].宋士钊,王佑安,译.北京:中国工业出版社,1966.

[230] 吴俊,金奎励,童有德,等.煤孔隙理论及在瓦斯突出和抽放评价中的应用 [J].煤炭学报,1991,16(3):86-95.

[231] 琚宜文,姜波,王桂樑,等.构造煤结构及储层物性[M].徐州:中国矿业大学出版社,2005.

[232] 杨思敬,杨福蓉,高照祥.煤的孔隙系统和突出煤的孔隙特征[C]//第二届国际采矿科学技术讨论会论文集.徐州:中国矿业大学,1991.

[233] 秦勇.中国高煤级煤的显微岩石学特征及结构演化[M].徐州:中国矿业大学出版社,1994.

[234] 琚宜文,姜波,侯泉林,等.华北南部构造煤纳米级孔隙结构演化特征及作用机理[J].地质学报,2005,79(2):269-285.

[235] 杨高峰.不同煤阶煤储层物性特征研究[D].淮南:安徽理工大学,2013.

[236] LIPPENS B C,DE BOER J H.Studies on pore systems in catalysts: V. The t method[J].Journal of catalysis,1965,4(3):319-323.

[237] 全国有色金属标准化技术委员会,全国颗粒表征与分检及筛网标准化技术委员会.气体吸附BET法测定固态物质比表面积:GB/T 19587—2017

[S].北京:中国标准出版社,2017.

[238] 李子文.低阶煤的微观结构特征及其对瓦斯吸附解吸的控制机理研究 [D].徐州:中国矿业大学,2015.

[239] 马玉林.煤与瓦斯突出逾渗机理与演化规律研究[D].阜新:辽宁工程技术 大学,2012.

[240] 朱兴珊.煤层孔隙特征对抽放煤层气影响[J].中国煤层气,1996(1): 37-39.

[241] 张占存.煤的吸附特征及煤中孔隙的分布规律[J].煤矿安全,2006,37(9): 1-3.

[242] 刘振建.煤储层的吸附/脱附特性及其在超临界 CO_2 作用下演化机理研究 [D].重庆:重庆大学,2018.

[243] 王公达.煤层瓦斯吸附解吸迟滞规律及其对渗流特性影响研究[D].北京: 中国矿业大学(北京),2015.

[244] 蔺亚兵.煤层气解吸滞后效应研究[D].西安:西安科技大学,2012.

[245] 马东民,张遂安,蔺亚兵.煤的等温吸附-解吸实验及其精确拟合[J].煤炭 学报,2011,36(3):477-480.

[246] 庞源.瓦斯解吸滞后效应影响因素及其机理实验研究[D].徐州:中国矿业 大学,2015.

[247] BASKARAN S,KENNEDY I R.Sorption and desorption kinetics of diuron, fluometuron,prometryn and pyrithiobac sodium in soils[J].Journal of envi-ronmental science and health part B:Pesticides food contaminants and agricul-tural wastes,1999,34(6):943-963.

[248] DING G W,RICE J A.Effect of lipids on sorption/desorption hysteresis in natural organic matter[J].Chemosphere,2011,84(4):519-526.

[249] DING G W,NOVAK J M,HERBERT S,et al.Long-term tillage effects on soil metolachlor sorption and desorption behavior[J].Chemosphere, 2002,48(9):897-904.

[250] HONG C H,ZHANG W M,PAN B C,et al.Adsorption and desorption hysteresis of 4-nitrophenol on a hyper-cross-linked polymer resin NDA-701 [J].Journal of hazardous materials,2009,168(2/3):1217-1222.

[251] O'CONNOR G A,WIERENGA P J,CHENG H H,et al.Movement of 2,4,5-T through large soil columns[J].Soil science,1980,130(3): 157-162.

[252] BHANDARI A,XU F X.Impact of peroxidase addition on the sorption-

desorption behavior of phenolic contaminants in surface soils[J]. Environmental science & technology,2001,35(15):3163-3168.

[253] MA L W,SOUTHWICK L M,WILLIS G H,et al. Hysteretic characteristics of atrazine adsorption-desorption by a sharkey soil[J]. Weed science,1993,41 (4):627-633.

[254] RAN Y,XING B,SURESH P,et al. Importance of adsorption (hole-filling) mechanism for hydrophobic organic contaminants on an aquifer kerogen isolate[J]. Environmental science & technology,2004,38(16): 4340-4348.

[255] BRAIDA W J,PIGNATELLO J J,LU Y F,et al. Sorption hysteresis of benzene in charcoal particles[J]. Environmental science & technology, 2003,37(2):409-417.

[256] WU W L,SUN H W. Sorption-desorption hysteresis of phenanthrene: Effect of nanopores,solute concentration and salinity[J]. Chemosphere, 2010,81(7):961-967.

[257] ZHU H X,SELIM H M. Hysteretic behavior of metolachlor adsorption-desorption in soils[J]. Soil science,2000,165(8):632-645.

[258] LEVY J H,DAY S J,KILLINGLEY J S. Methane capacities of Bowen Basin coals related to coal properties [J]. Fuel,1997,76(9):813-819.

[259] 孙文晶.煤岩体非均质结构对瓦斯气体吸附、解吸及煤层气强化抽采过程的影响[D].成都:四川大学,2013.

[260] 邹海江.大佛寺井田煤层气可采性研究[D].西安:长安大学,2013.